수학은
알고 있다

99퍼센트의 예측을 만드는 한 줄의 방정식

수학은 알고 있다

김종성_위니버스·이택호 지음

더퀘스트

어느 때보다
수학적 사고가 필요한 지금

학생 시절 우리는 모두 수학이 참 중요하다는 이야기를 들으며 자라왔습니다. 그리고 성인이 되고 나서는 수학이 경쟁력을 갖추기 위한 필수 요건이라는 뉴스를 접하고는 합니다. 반면 수학을 잘 알지 못해도 삶을 살아가는 데는 전혀 지장이 없다는 생각이 들기도 합니다. 수학이 필요한 시대라고는 하지만 그런 머리 아픈 것 따위 컴퓨터에 맡기면 그만이고, 아주 똑똑한 사람들이 수학을 이용해 만든 훌륭한 제품과 서비스를 편리하게 이용만 하면 되지 않을까요? 이런 생각을 해보면 수학은 지금 당장 나의 삶에 큰 영향을 주지 않는 것 같습니다.

그러나 수학은 매 순간 우리가 의사결정을 내릴 때마다 반드시 작동해야 하는 인지 체계의 일부입니다. 세계에서 가장 영향력 있는 인지심리학자 중 한 명인 대니얼 카너먼Daniel Kahneman은 다음처럼 아주 단순한 문제를 내며 수학적 문제 해결의 중요성을 지적한 바 있습니다.

1. 야구방망이와 야구공을 사는 데 50,000원이 들었다.
2. 야구방망이는 야구공 가격의 열 배다.
3. 야구공의 가격은 얼마인가?

만약 방정식을 세우지 않고 야구공의 가격을 짐작해 5,000원이라고 말하고 싶은 충동을 느낀다면, 여러분은 제한적이고 느슨한 문제 해결의 방법인 '휴리스틱heuristic'이라 불리는 사고의 지배를 받는 것입니다. 이 문제에서 야구공의 가격을 정확히 구하려면 약간의 수고가 필요합니다. 야구공의 가격을 x라 하고 방망이의 가격을 y로 설정하는 연립방정식을 세워야 하죠. 이 단순한 연립방정식을 풀면 야구공의 가격은 5,000원이 아니라 4,545원임을 알 수 있습니다.

$$x + y = 50000$$
$$10x = y$$

물론 이런 계산을 가장 잘 해내는 것은 인간이 아니라 컴퓨터입니다. 그러나 수식과 숫자 뒤에 숨겨진 가장 중요한 요소는 바로 어떤 문제를 인식하는 우리의 사고방식 자체입니다. 인간은 상황을 즉각적으로 인식하고 판단하는 놀라운 직관력을 가지고 있지만, 때로는 직관이 논리와 이성을 배신하고 우리를 이상한 곳으로 인도하기도 합니다. 수학적 지식이 없는 상태로 컴퓨터의 계산 결과만 맹신하면, 마가린의 판매량이 이혼율에 매우 큰 영향을 끼친다는 괴상한 결론에 도달할 수도 있음을 곧 보게 될 것입니다. 이때 수학은 단순히 기호를 이용해 문제를 풀어 답을 내는 도구라기보다는, 어떤 문제와 현상을 잘 이해하고 예측하기 위해 모두에게 필요한 방법론입니다. 이와 관련된 내용은 1장에서 살펴보겠습니다.

또한 이 책에는 최신의 인공지능에 관한 이야기도 담았습니다. 이제는 아무리 수학에 관심이 없다고 해도 도무지 이를 피할 길이 없습니다. 모든 사람이 '알고리즘' '인공지능'에 관해 들어보았을 정도로 현대 사회의 많은 서비스는 수학을 기반으로 구축되었습니다. 유튜브는 메인 화면에 맞춤형 콘텐츠를 노출하는 알고리즘을, 아마존과 같은 거대 온라인 쇼핑몰은 사고 싶어 할 만한 제품을 상단에 배치하는 알고리즘을 정교하게 설계해 여러분을 사로잡으려 노력합니다. 인공지능을 활용한 제품과 서비스도 여러분의 곁에 다가왔습니다. 마이크로소프트는 자사의 사무 프로그램에 '코파일럿Copilot'이라 불리는 인공지능을 탑재했고, 창작자에게 반드시 필요한 프로그램을 만드는 어도비 역시 '파이어플라이Firefly'라는 인공지능을 출시했습니다. 직장인의 업무 효율은 이러한 인공지능의 활용 능력에 달렸다는 기사가 연일 쏟아지고 있죠. 심지어 인공지능이 발전해 사람처럼 사고하게 되고, 많은 직업이 대체될 것이라는 위기감마저 감돌고 있습니다.

그런데 추천 알고리즘은 정말 '맞춤형 추천'을 잘 해주고 있을까요? 인공지능을 활용한 결과물을 업무에 활용해도 문제는 없을까요? 미래에는 인공지능이 정말 사람과 같은 지능을 가져서 많은 일자리가 사라지게 될까요? 아니면 새로운 일자리가 창출될까요? 만약 제품과 서비스 뒤에 숨겨진 수학적 작동 방식을 모른다면 우리는 이에 어떠한 대답도 참여도 할 수 없습니다. 이런 측면에서 수학을 아는 것은 현재 가장 중요하다고 여겨지는 담론에 참여하기 위한 입장권이기도 합니다. 인공지능과 추천 알고리즘의 작동 방식과 그에 따른 문제점은 3장과 4장에서 각각 살펴볼 것입니다.

한편 수학은 인류에게 매우 중대했던 역사적 사건을 이해하고 해석하기 위한 도구이기도 합니다. 핵무기의 개발, 코로나19의 대유행, 반도체의 발전과 같은 역사적 사건이 가진 공통점은 모두 특정한 수학적 패턴을 관찰할 수 있다는 것입니다. 자연과 문명이 가진 패턴을 이해하는 것은 과거로부터 미래를 예측할 수 있다는 측면에서 중대한 의미를 갖습니다. 예측의 기법 및 역사적 사건을 관통하는 동형성isomorphism은 2, 5, 6장에서 이야기할 예정입니다.

이 책은 우리와 같은 평범한 사람들이 수학의 중요성을 이해하는 데 도움이 되기를 바라며 쓰였습니다. 따라서 정규교육 과정에서 배운 수학 지식을 알고 있다면 이 책을 더 쉽게 읽을 수 있겠지만 그렇지 않아도 상관이 없도록 구성했으며, 어쩔 수 없이 수식이 등장해야 하는 부분에서는 최대한 간결하고 명확하게 설명해 흥미를 잃지 않고 읽어나갈 수 있도록 노력했습니다.

이 책에서 소개한 예측의 방법과 의사결정에 사용되는 다양한 수학도구들을 막상 실제 현장에서 사용하려면 훨씬 더 다양한 지식이 필요합니다. 그러나 이 책의 가장 중요한 메시지, 수학이 세계를 이해하기 위해 사용하는 언어 중 하나이며 답을 구하는 방정식보다 더 귀중한 것은 어쩌면 수학적 사고 그 자체임을 전달하는 것에 더 비중을 두기로 했습니다. 특정 수학 도구를 완전하게 사용하는 기술은 다른 훌륭한 책들의 몫으로 남겨두려 합니다.

저는 수학을 전공하지 않았고 수학 분야의 권위자도 아닙니다. 그러나 이러한 사실이 책의 완성도에 문제가 되지는 않았음을 밝힙니다. 이 책은 과학과 수학 콘텐츠 채널인 위니버스를 약 3년간 운영하며 광범위한 조사를 거쳐 오랜 시간 심혈을 기울여 기획하고 제작했던 각각의 콘텐츠를 뿌리로 삼아, 다시 1년이 넘게 세부사항을 보완하고 완결성을 갖춰 세상에 나온 인고의 열매이기 때문입니다. 또한 다년간 과학 콘텐츠를 제작하면서 수학을 포함한 여러 분야에 관심이 있었기에 다양한 렌즈로 각 주제를 깊이 있게 다룰 수 있었고, 그 덕분에 조금은 독특한 결과물이 나올 수 있었다고 생각합니다. 그럼에도 이 책에 존재할 수 있는 오류는 온전히 제 잘못일 것입니다.

이 책은 혼자만의 힘으로 만들어지지 않았습니다. 특히 공저자인 이택호를 오랜 벗으로 알고 지낸 것은 행운이었습니다. 그는 정통한 통계 지식으로 이 책의 기획 단계부터 참여해 광범위한 조언과 더불어 1장과 2장의 내용을 보완해주었으며 긱 징 끝에 존제히는 '한 걸음 더 +'로 독자가 궁금해할 만한 세부 사항을 저술해 이 책의 내용을 더욱 풍성하게 만들어줬습니다.

이 책을 가장 먼저 세심히 읽고 피드백을 해주었으며, 지나치게 세부적인 내용에 매몰되어 수렁에 빠졌던 순간마다 저를 현실로 꺼내고 이 책의 완성을 끝까지 응원해준 자경 씨에게도 고마움과 사랑의 마음을 전합니다. 새벽에 수없이 커피머신을 돌리는 소리와 키보드 치는 소리를 묵묵히 참고 견뎌준 제 가족 아름 누나에게도 이 자리를 빌려 미안함과 고마움을 전달합니다.

제가 이야기를 들려드릴 때 늘 추구하는 바는 '한 발자국만 더' 깊게 들어가는 것입니다. 여러분이 이 책에서 읽고 생각하는 즐거움을 발견한다면 더 바랄 것이 없겠습니다.

김 종 성

<h1 style="text-align:center">✴ 차 례 ✴</h1>

## 1장

당신의 예측이 틀리는 이유

'**예측**'이라는 말은 거창하게 들리지만,
사실 우리의 평범한 일상에 아주 깊이 스며들어 있습니다.
마트에서 과일 하나를 고르는 행동에도
우리의 예측 시스템은 끊임없이 작동하죠.
그러니 우리에게 아주 친숙한 과일 하나로
예측에 관한 이야기를 시작하는 것이 좋겠습니다.
바로 수박입니다.

수박 속을
예측하다

무더운 여름에 가장 인기 있는 과일 중 하나는 단연 수박입니다. 하지만 거대한 초록색 더미에서 맛있는 수박을 고르는 것은 큰 도전입니다. 맛을 볼 수 없는 악조건에서 달콤한 수박을 찾아내야 하니까요. 이 어려운 과제를 해내기 위해 노력하는 우리의 행동에 바로 예측의 정수가 담겨 있습니다. 이 책의 첫 장에서는 맛있는 수박을 고르는 과정을 들여다보며 '예측'에 관해 이야기하려 합니다.

그런데 이 과정을 자세히 들여다보기 전에 '달콤함'의 정의부터 논의해야 할 것 같습니다. 달콤함의 기준은 개인마다 다를 수 있기 때문에, 이를 측정하는 객관적인 방법을 먼저 정해야 혼란을 방지할 수 있겠죠. 독일의 과학자 아돌프 브릭스Adolf Brix는 액체에 설탕 같은 물질이 섞이면 액체의 굴절률과 비중이 달라지는 원리로 당도를 측정하는 방법을 개발했습니다. 이 덕분에 당도는 '굴절당도계

refractometer'라 불리는 도구를 이용하면 '브릭스brix'라 불리는 양적 수치로 손쉽게 측정됩니다. 예를 들어 설탕물에 약 3퍼센트의 설탕이 들어 있다면 그 설탕물은 3브릭스로 측정됩니다.

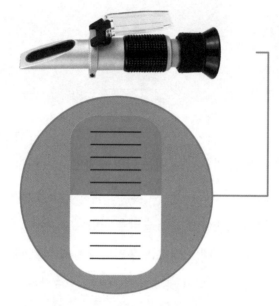

굴절당도계의 왼쪽에 시료를 바르고,
오른쪽에서 눈금을 맞추면 당도를 측정할 수 있습니다.

어떠한 의사결정을 내릴 때 일상적이고 주관적인 언어(달콤함)를 비교하고 분석할 수 있는 양적인 값으로 바꾸는 작업은 중요합니다. 이 중요성은 수박의 달콤함을 묻는 다음 두 질문에서 확연히 드러납니다.

사람들은 브릭스가 어느 정도일 때 수박을 달콤하다고 느낄까요? 수박은 8브릭스 정도일 때 보통으로, 11브릭스 이상이면 달콤하다고 판단합니다.[+]

브릭스 측정기를 이용한다면 3초 만에 수박의 당도를 가늠할 수 있습니다. 하지만 모든 수박을 잘라서 브릭스를 재고, 그중 가장 달콤한 수박만 가져가려 한다면 과일가게 주인은 당신에게 막대한 손해배상을 청구할 것입니다.[++] 수박의 브릭스를 정확하게 측정할 방법은 존재하지만, 그 방법으로 수박을 가져갈 수 없다는 문제가 생기는 것이죠.

그렇다면 수박의 상품성을 해치지 않으면서 어떻게 달콤한 수박만 골라낼 수 있을까요? 이때 우리는 예언자처럼 행세하기보다는 과학자처럼 행동하는 편입니다. 수박의 달콤함과 연관되어 있을

[+]　달콤함을 측정하는 브릭스는 1, 2처럼 뚝떨어지는 값이 아닌 연속적인 스펙트럼을 가집니다. 그러므로 당도를 측정하는 브릭스는 '연속형 데이터'에 해당합니다. 반면 수박의 개수는 한 통, 두 통과 같이 불연속적인 값이므로 '이산형 데이터'로 분류됩니다.

[++]　기술의 발전 덕분에 비파괴 방식으로 브릭스를 측정하는 기기도 있습니다. 하지만 이 기기를 사용해 수박의 브릭스를 측정하려 한다면, 가게 주인은 마찬가지로 장사에 방해가 된다며 당신을 내쫓을 것입니다.

거라고 여겨지는 다른 정보들, 즉 색상, 꼭지의 모양, 촉감, 두드릴 때 나는 소리, 줄무늬의 형태 등 수박의 당도를 결정한다고 여겨지는 요소를 측정하려고 노력하기 때문입니다.[+]

이 상황을 '독립변수 independent variable'와 '종속변수 dependent variable'라는 좀 더 그럴싸한 용어로 설명해보겠습니다. 독립변수는 다른 변수의 영향을 받지 않고 종속변수에 영향을 끼치는 변수이며, 종속변수는 독립변수를 통해 알아내려는 변수입니다. 각각의 수박에는 고유한 색상, 꼭지의 모양, 촉감, 소리, 줄무늬 그리고 브릭스가 있습니다. 이 모든 요소를 변하는 값이라는 의미인 '변수'라 부를 수 있습니다. 여기서 수박의 색상, 꼭지 모양, 촉감, 소리, 줄무늬의 형태는 독립변수로 정할 수 있고 이 독립변수를 통해 알고자 했던 수박의 브릭스는 종속변수가 됩니다. 그렇기에 수박을 두드리고 눈으로 살펴보면서 독립변수를 파악하는 행위는 종속변수인 수박의 브릭스를 예측하기 위한 비파괴 검사라고 할 수 있습니다.

독립변수 | 색상, 꼭지 모양, 촉감, 소리, 줄무늬
종속변수 | 브릭스

[+] 농촌진흥청에 따르면, 살짝 두드렸을 때 '통통' 하고 청명한 소리가 나면 잘 익은 수박, '깡깡' 하는 금속음이 나면 덜 익은 수박, '퍽퍽' 하는 둔탁한 소리가 나면 너무 익은 수박입니다. 또한 껍질에 윤기가 나며 검은 줄무늬가 고르고 진하게 형성되어 있고, 줄기 반대편 배꼽의 크기가 작은 것이 좋습니다. 수박은 꼭지부터 수분이 마르므로 꼭지의 상태로도 신선도를 판단할 수 있다고 합니다.[1]

이것이 바로 수박 하나를 고르는 네 여러분이 의식적으로 또는 무의식적으로 고려하는 사항입니다. 과일을 고르는 과정은 얼핏 보면 간단하게 이루어지는 것 같습니다. 하지만 사실 우리는 브릭스를 예측하기 위해 모든 감각기관을 동원해 측정 가능한 독립변수를 들여다보는 세심한 작업을 하는 셈이죠. 물론 이러한 방식으로 수박의 달콤함을 예측하는 것은 정확하지 않을지도 모르지만 이것이 우리가 할 수 있는 최선입니다.

예측의
배신

데이터의 수집에는 여러 경로가 있습니다. 가장 흔한 경로는 개인의 직접 경험으로, 의사결정 대부분이 이에 기반하여 이루어집니다. 혹은 제2의 출처에서 얻은 데이터를 의사결정에 활용할 수도 있습니다. 예를 들어 여러분이 맛집을 찾는다고 생각해보겠습니다. 경험을 토대로 이전에 방문했던 식당을 향해 발걸음을 옮길 수도 있겠지만, 때로는 새로운 식당을 검색해 다른 방문객이 남긴 리뷰를 가급적 '많이' 수집하기도 합니다. 예측의 정확도를 높이려면 많은 데이터를 확보하는 것이 중요함을 알고 있기 때문이죠.

하지만 아무리 많은 데이터를 수집한다고 해도 '시의성'이라는 또 다른 문제가 여러분을 괴롭힐 것입니다. 제아무리 줄무늬가 선명하고 맑은 소리가 나는 수박을 가져온다 해도, 시간이 꽤 지나면 수박은 상해버리고 맙니다. 맛집도 마찬가지입니다. 여러분이 레스토랑을 재방문했을 때, 이전에 당신에게 맛있는 요리를 제공했던 요리사가 다른 사람으로 바뀌었거나 주요 식재료 공급처가 바뀌는 등 다양한 요인으로 이전과 같은 맛을 보지 못할 수도 있죠. 이처럼 어떤 데이터는 시간의 흐름에 아주 민감합니다.

레스토랑의 음식 맛보다 변덕이 더 심한 것은 주식의 가격입니다. 기업의 주식 가격은 시간의 영향을 많이 받는 데이터 중 하나이자 아주 신경을 많이 써야 하는 데이터이기도 합니다. 자신이 투자한 주식 가격이 가파르게 상승하기를 바라며 증시 현황을 매일같이 지켜보는 일은 흔하게 일어납니다. 하지만 증권 전문가들조차 예측에 수없이 실패합니다. 이처럼 증권 시장이 변덕스러운 이유는 주식 가격에 영향을 끼치는 독립변수가 아주 많기 때문일 것입니다.

어떤 사람은 과거의 주가 변동, 이동 평균선, 거래량 등 시간에 따른 주식 차트를 분석하는 것이 중요하다고 이야기합니다. 누군가는 재무제표와 R&D 지출비용 등 내부 상황을 보며 기업의 잠재력을 측정하려 노력합니다. 인플레이션, 금리, 경제성장률, 고용지표, 환율 등 외부 상황을 살펴보는 사람도 있습니다. 이러한 것들이 주식 가격을 결정하는 요소라고 믿는 것이죠.

심지어 수학적 사고가 주식 가격 예측에 방해가 될 때도 있습니다. 탐욕, 충동 같은 인간의 심리는 정량적 데이터로 측정하기 어려우며 때로는 인간이 합리적으로 행동하지 않기 때문입니다. 이런 문제로 인해 주식 가격을 예측하는 것은 너무 어렵지만 여전히 데이터는 주가 예측의 가장 중요한 동력입니다. 데이터가 존재하지 않는다면 애초에 '예측'이라는 행위 자체가 불가능할 테니까요.

또한 새로운 데이터가 발견되어 예측 모델의 전면 수정이 불가피한 경우가 있습니다. 대표 사례가 바로 행성의 움직임에 관한 이론입니다. 지금이야 지구가 태양을 중심으로 돈다는 '지동설'을 당연하게 여기지만, 한때 인류는 지구가 우주의 중심이라는 '천동설'을 더 굳게 믿었습니다. 바로 고대의 천문학자 클라우디오스 프톨레마이오스Claudius Ptolemaeus가 당시의 수많은 관측 데이터와 이론을 토대로 《알마게스트Almagest》라는 책을 집필해, 지구 중심의 우주 이론을 집대성했기 때문이죠. 프톨레마이오스는 뛰어난 수학자였고 《알마게스트》는 놀라운 수학적 이론과 통찰 그리고 행성의 움직임을 기록한 데이터로 빽빽합니다. 무엇보다 그의 책에서 주장한 천동설은 당시의 관측 결과와 꽤 잘 맞아떨어졌습니다.

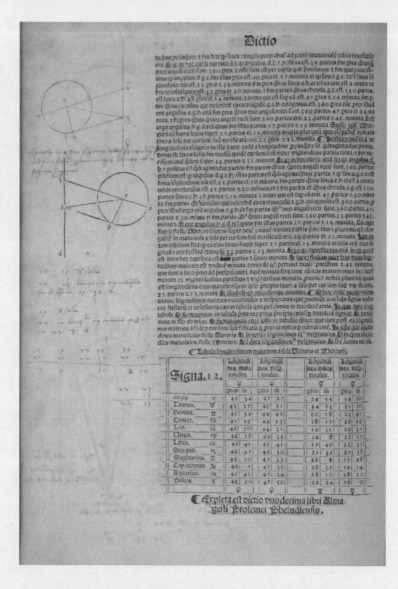

《알마게스트》는 행성의 운동을 기록한 데이터로 가득 차 있습니다.

그러나 갈릴레오 갈릴레이$^{Galileo\ Galilei}$가 기존 망원경의 성능을 개선해 새로운 사실들을 발견하고 천문 데이터가 수백 년간 축적되면서, 천동설은 삐걱거리다가 결국 현실을 더 잘 설명하는 태양 중심의 이론인 지동설에 왕좌를 빼앗깁니다. 천동설은 아주 정교하게 다듬어진 우주 모델이었지만 결국 폐기되어야 했죠. 때로는 아주 견고하게 지켜졌던 가정과 모델을 버려야만 올바른 길에 도달하기도 합니다.

예측의
기본

지금까지 이야기한 바를 종합해보면 예측이란 다음과 같이 정의할 수 있습니다.

> 1. 수집한 데이터를 토대로 규칙을 찾아내고
> 2. 그 규칙이 새로운 데이터에도 적용되는지 살펴보는 과정

이를 조금 더 딱딱한 언어로 이야기해보면 '기존의 데이터에서 종속변수와 독립변수가 잘 대응되는 규칙을 찾고, 새로운 데이터에 그 규칙을 적용해서 어떤 결과가 나오는지 살펴보는 것', 이것이 바로 '예측'의 정의입니다.

먼저 '수집한 데이터를 토대로 규칙을 찾는다'는 말에 대해 생각해보겠습니다. 우리는 데이터 집합에서 꽤 규칙을 잘 찾아냅니다. 다음과 같은 숫자들의 나열에서 빈칸에 들어가야 하는 숫자를 쉽게 답할 수 있죠.

3 5 7 9 □

다섯 번째 칸의 답이 11이라는 것은 아마 대부분 눈치챘을 것입니다. 첫 번째 숫자는 3이고 두 번째 숫자는 5, 세 번째 숫자는 7, 이런 식으로 우리는 몇 번째에 어떤 숫자가 나타나는지 패턴을 찾아내려 합니다. 이는 독립변수와 종속변수의 관계성을 파악하는 행위라고 볼 수 있죠.

사실 '독립변수와 종속변수의 대응관계'를 일컫는 단어는 이미 여러분 머릿속에 있습니다. 바로 '함수function'입니다. 함수는 대응관

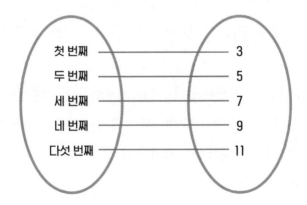

세를 표현하는 네 적합한 수학도구입니다. 3, 5, 7, 9 다음에 와야
하는 숫자가 11이라는 추측은 숫자가 2씩 증가한다는 규칙의 발견
에 기인합니다. 이 정도는 복잡한 계산 없이도 쉽게 추측할 수 있죠.
그렇다면 153번째에는 어떤 숫자가 와야 할까요? 이때 우리는 함
수의 필요성, 즉 규칙을 명료하게 표현할 필요성을 느끼게 됩니다.
숫자의 순서인 독립변수에 2를 곱하고 1을 더하면 우리가 원하는
결괏값인 종속변수를 얻는다는 규칙 말이죠.

대응관계: 2 × 숫자의 순서 + 1 = 결괏값

'숫자의 순서'에 153을 넣으면 대응관계에 따라 2를 곱해 306을
얻고, 다시 1을 더해 307이라는 결과를 얻습니다. '숫자의 순서'는
마음대로 정할 수 있으니 이를 미지의 수 x라 적고 대응관계를 f라
고 부른다면 한 번쯤 수학 교과서에서 보았을 익숙한 식이 나타납
니다.

$$f : 2 \times x + 1$$

이런 함수 표현은 수학적 언어로 패턴을 인식할 때, 얼마나 문제
를 쉽게 해결할 수 있는지 보여주는 사례입니다. 하지만 늘 이런 식
으로 예측할 수 있다면, 다시 말해 이전의 패턴을 새로운 데이터에

쉽게 적용할 수 있다면 미래의 불확실성 때문에 몸부림치며 고통받지 않을 것입니다. 현실은 불확실성과 난해함의 안개로 가득 차 있는 세계이기에 우리의 손과 머리만으로 패턴을 인식하는 데는 한계가 있습니다.

독버섯
판별하는 법

여러분이 등산 중에 길을 잃었고 먹을 것도 다 떨어진 상황에서, 마침 버섯 군락 하나를 발견했다고 해보죠. 야생 버섯을 가급적 먹지 말아야 한다는 것은 상식이지만, 이런 상황에서는 앞에 놓인 버섯이 독버섯인지 식용 가능한 버섯인지 판단할 수 있다면 큰 도움이 될 것입니다. 하지만 버섯은 8,000종이 넘는 데다가 버섯마다 아주 다양한 특색을 가집니다. 버섯의 색, 갓의 모양, 갓의 표면 등 고려해야 할 사항이 너무 많죠. 이 경우에도 데이터를 토대로 어떤 버섯이 독버섯인지 아닌지 판단하는 것이 가능할까요?

결론부터 이야기하자면 답은 '그렇다' 입니다. 한 연구[2]는 버섯이 가진 스물두 가지 독립변수를 이용해 버섯의 식용 가능성 유무를 꽤 그럴싸하게 판별해냈습니다.[3] 하지만 스물두 가지의 독립변수를 하나하나 따져보는 건 확실히 힘에 부치는 작업입니다.

이때 도움이 되는 도구가 있습니다. 비로 머신러닝^{machine learning}이라 불리는 인공지능^{artificial intelligence, AI} 기법입니다. 만약 여러분에게 고성능 노트북이 있고 정말 우연히도 독버섯과 관련된 데이터를 갖고 있다면, 머신러닝을 이용해 여러분 앞에 놓인 버섯의 식용 여부를 판단할 수 있습니다. 컴퓨터과학이 여러분의 생명을 살리는 셈이죠.

독버섯 여부를 판단하는 사례처럼, 인간의 직관만으로 방대한 데이터를 모두 파악하고 분석하며 편향에 빠지지 않는 것은 매우 어려운 일입니다. 그래서 우리는 복잡한 문제를 해결할 때 계산에 최적화된 도구인 컴퓨터를 적극적으로 이용합니다. 그러나 컴퓨터를 이용해 일련의 예측을 수행하려면 컴퓨터가 데이터를 처리하도록 주관적인 경험을 수학적으로 객관화할 수 있는 방식이 무엇일지 고민해보아야 합니다. 독버섯의 갓 모양을 컴퓨터에 입력하려면 어떻게 해야 할까요? 단순히 갓 모양에 번호를 매기고 컴퓨터가 패턴을 익히도록 해야 할까요? 아니면 버섯 사진을 컴퓨터가 픽셀^{pixel} 단위로 처리하도록 해야 할까요?

이처럼 컴퓨터에 데이터를 입력하는 과정은 생각보다 어려울 수 있지만 이를 해결할 적절한 방식을 안다면 생각보다 훨씬 더 많은 패턴을 발견해서 유용하게 사용할 수 있습니다. 지금부터 이 해결 방식에 관해 이야기해보겠습니다.

수박에서
데이터로

　　　　　　　　태국의 한 연구진[4]은 수박의 줄무늬와
두드려서 나는 소리를 통해 당도를 예측하는 연산 모델을 고안했
습니다. 이 모델에는 수박의 특징을 정량적인 숫자로 변환하는 몇
가지 흥미로운 아이디어가 들어 있습니다.

　먼저 연구진은 수박의 줄무늬를 변환하기 위해 빛의 강도가 일
정하게 유지되는 상자 안에 수박을 넣고 디지털카메라로 수박을
촬영해 2832×2420 픽셀의 고해상도 이미지를 생성했습니다. 픽
셀은 디지털 이미지를 구성하는 기본 단위입니다. 디지털 이미지
는 픽셀을 촘촘히 찍어 그린 점묘화로, 각 픽셀에는 컴퓨터가 처리
할 수 있는 형태의 정보가 담겨 있습니다. 해상도가 높을수록 같은
공간에 더 많은 수의 픽셀이 조밀하게 들어차 선명한 이미지를 구
성하기 때문에, 이미지의 특정한 패턴을 정확히 추출하려면 고해
상도일수록 좋습니다. 해상도는 가로세로 각각에 몇 개의 픽셀을
사용하는가로 구분됩니다. 2017년 이전까지 국내 지상파에서 송
출했던 영상은 대부분 FHD^full high definition 해상도로, FHD는 1920×
1080개의 픽셀로 구성됩니다. 최근 넷플릭스 등에서 제공하는 고
화질 영상은 UHD^ultra high definition 해상도이며, UHD 영상은 3840×
2160개의 픽셀로 구성되죠. 따라서 연구에 쓰인 이미지는 해상도
가 꽤 높다고 할 수 있습니다.

연구진은 고해상도의 수박 이미지 파일을 컴퓨터에 저장한 후, 수박의 줄무늬 패턴이 더욱 두드러지도록 회색조^{grayscale}로 바꿨습니다. 이는 픽셀의 색상 정보(빨간색, 녹색, 파란색)를 가장 밝은 흰색부터 가장 어두운 검은색까지의 스펙트럼을 가지는 밝기 정보로 변환하는 과정으로, 수박 이미지의 픽셀 하나는 밝기에 따라 0에서 255 사이의 정숫값을 갖게 됩니다.

이제 이 값들은 엔트로피^{entropy}라는 수박 줄무늬 패턴의 복잡성을 계산하는 함수로 들어가며, 엔트로피 함수가 연산을 마치면 숫자 하나가 도출됩니다. 통제된 환경에서 이미지를 생성하고 가공한 후 알맞은 함수에 적용하면 수박 줄무늬와 연관된 결괏값이 나오는 것이죠.

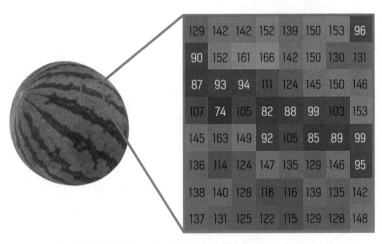

수박의 회색조 분포로, 0에 가까울수록 검은색을 나타냅니다.

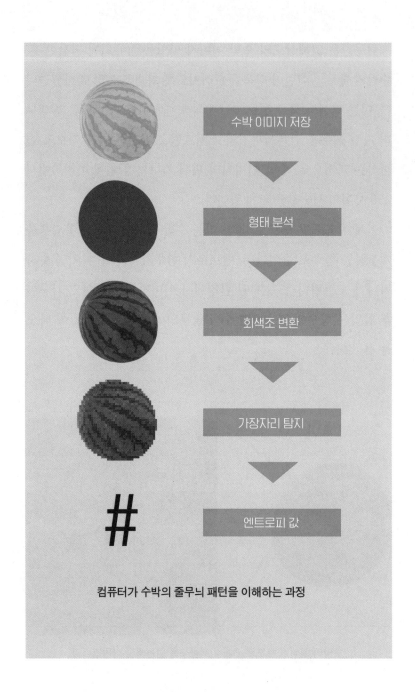

수박 이미지 저장

형태 분석

회색조 변환

가장자리 탐지

엔트로피 값

컴퓨터가 수박의 줄무늬 패턴을 이해하는 과정

수박의 줄무늬에 관한 분석을 마쳤으니, 이제 연구진이 수박의 소리를 어떻게 변환했는지도 알아보겠습니다. 여러분은 헤르츠 hertz, Hz라는 용어를 들어본 적이 있을 것입니다. 헤르츠는 소리의 진동(주파수)을 나타내는 단위로, 라디오를 듣기 위해 헤르츠를 조절한 경험이 있다면 이 용어가 더 익숙할 수도 있겠습니다. 소리는 고유한 파동을 갖고 있고, 헤르츠는 이 파동의 형태를 표현하는 수단입니다. 만약 1초에 100개의 파동이 지나가면 헤르츠 단위를 써서 100헤르츠라고 표시할 수 있죠. 이런 방식으로 모든 소리는 파동으로 표현할 수 있지만, 사람이 들을 수 있는 소리의 범위는 20헤르츠에서 2만 헤르츠 정도로 제한되어 있습니다. 이 범위에 해당하는 주파수 영역을 가청주파수 audio frequency, AF라고 부릅니다.

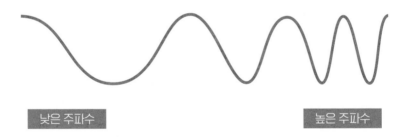

낮은 주파수　　　　　　　　　　　높은 주파수

흔히 헤르츠 단위로 주파수를 표현하며
헤르츠가 높을수록 파동의 간격은 좁아집니다.

　수박의 소리를 컴퓨터에 담아내는 과정은 조금 복잡하지만, 결국 이 소리가 어떤 파동을 갖는가로 귀결됩니다. 수박의 사진을 찍을 때처럼 이번에는 주변의 소음을 차단한 상자 안에 수박을 넣습니다. 그리고 지름 2.54센티미터의 강철 구를 실에 매달아 일정한 각도로 들어올린 뒤 진자운동으로 수박을 타격해 소리를 생성합니다. 이때 수박과 일정한 거리에 있는 마이크로 이 소리를 녹음합니다. 녹음한 소리는 몇 가지 단계를 거쳐 헤르츠 단위를 갖는 하나의 숫자가 됩니다.

연구진은 수박 200개로 이 과정을 반복하며 줄무늬와 소리 데이터를 수집했습니다. 마지막으로 남은 것은 실험에 쓰인 수박의 당도를 측정하는 작업이었습니다. 줄무늬와 소리를 측정한 수박을 반으로 갈라, 다섯 군데의 시료에서 측정한 브릭스의 평균을 구해 기록했죠. 이런 노력을 기울여 측정한 데이터를 머신러닝에 적용해, 연구자들은 마침내 수박의 줄무늬와 소리가 브릭스에 어떤 영향을 끼치는지 파악할 수 있었습니다. 맛 좋은 수박을 고르는 것은 이처럼 누군가에게는 아주 진지하고 중대한 사안입니다.

컴퓨터의 연산 능력이 발달한 덕분에 여러 분야에 머신러닝 기법이 손쉽게 도입되면서 전에는 불가능했던 복잡한 의사결정 모델을 만들고 여러 현상을 예측할 수 있게 되었습니다. 하지만 제아무리 수학적 예측 도구가 발달하고 정밀해진다 해도 이를 사용하는 것은 인간의 이성입니다.

니콜라스 케이지의
수영장

우리는 흔히 '이것과 저것은 상관이 있다'라고 표현하기도 하고, 누군가 내 일에 사사건건 참견할 때 '상관하지 마'라고 말하기도 합니다. 이처럼 '상관'은 단어의 뜻 그대로 서로 관련성이 있음을 언급할 때 사용하는 말입니다. 수학 분야에서도 이 단어의 의미는 다르지 않습니다. 어떤 A가 변할 때 B가 변하고 동시에 B가 변할 때 A가 변한다고 여겨지면 'A와 B가 상관성이 있다'고 말합니다. 상관성이 있는 사례는 주변에서 쉽게 확인할 수 있습니다. 일반적으로 키가 큰 사람일수록 몸무게가 많이 나가며, 반대로 몸무게가 많이 나가면 키도 큰 경향성을 보입니다. 이렇듯 어떤 현상 A와 또 다른 현상 B는 상관성을 가질 수 있습니다.

이때 A와 B가 얼마나 끈끈하게 연결되어 있는가를 측정하는 도구가 '상관관계분석 correlation analysis'입니다. 이 분석값이 0이 나오면 두 사건은 전혀 상관이 없고, -1 또는 1에 가까워질수록 상관관계가 높다고 결론 내릴 수 있습니다. 상관관계는 무척 단순하고 어렵지 않아 보입니다. 컴퓨터를 이용하면 두 사건의 상관관계분석은 아주 편리하게 할 수 있죠.

하지만 상관관계를 따지는 작업은 컴퓨터에게만 맡겨놓기에는 위험하며 매우 주의를 기울여 분석해야 하는 영역입니다. 몇 가지 예를 들어보겠습니다. 배우 니콜라스 케이지 Nicolas Cage가 영화에 출

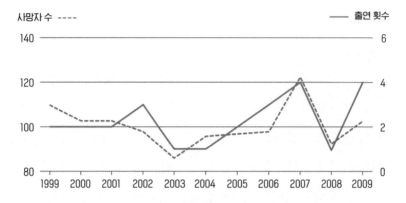

사망자 수 ----   ── 출연 횟수

니콜라스 케이지의 영화 출연 횟수와 수영장에서 익사한 사람의 수

연한 횟수와 수영장에서 익사한 사람 수의 상관관계를 분석하면 0.666입니다. 익숙한 백분율로 바꿔 말하면 66.6퍼센트의 상관성 이 있다고 할 수 있죠. 하지만 니콜라스 케이지의 영화 출연 횟수와 수영장의 익사율이 정말 관계가 있을까요? 또 다른 예로 마가린의 소비량과 미국 메인주 이혼율의 상관성은 99.26퍼센트에 달합니다.[5] 그러나 사람들이 얼마나 마가린을 많이 먹든 이 문제는 이혼과 전혀 관계가 없습니다.

물론 배우 니콜라스 케이지가 출연하는 모든 영화가 서핑, 수영, 잠수와 같은 주제를 다뤄서 사람들이 해양 스포츠에 더욱 관심을 갖게 된다면 관계가 있다고 볼 수 있을지도 모릅니다. 마가린도 마 찬가지입니다. 마가린이 극도의 비만을 일으켜 배우자의 외양과 건강을 해칠 정도의 수준이라고 가정한다면 또 다른 결론을 내릴

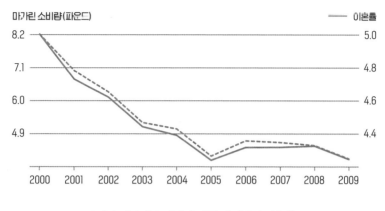

마가린 소비량(파운드)　　　　　　　　　　　　　　　 ── 이혼률

1인당 마가린 소비량과 미국 메인주의 이혼율

수도 있겠죠. 그러나 이런 상황이 아니라면 66.6퍼센트, 99.26퍼센트 같은 숫자는 아무런 호소력이 없습니다. 계산은 기계가 하더라도 판단은 결국 사람이 해야 하는 것입니다.

　또한 상관성이 반드시 '인과성'을 수반하진 않음을 명심해야 합니다. 사람들은 어떤 일이 벌어지면 그다음에 무슨 일이 일어날지 궁금해하고, 이 과정에서 관련이 없는 두 사건일지라도 어떻게든 원인과 결과를 도출하려는 경향이 있습니다. 하지만 마가린 소비량이 늘어난 해에 이혼율 또한 높아졌다고 마가린 소비량이 이혼율의 원인이라고 확실하게 말할 수 있을까요? 반대로 이혼이 증가하면 마가린의 소비량이 늘어날까요? 이런 주장은 해당 데이터만으로는 단정 짓기 어려운 문제입니다. A가 변화할 때 B에도 변화가 관찰되는 경향을 '공변성'이라고 합니다. 이러한 공변성은 인과

관계와 상관관계의 주요한 조건이지만, 이것에만 주목하면 둘 사이를 혼동하게 됩니다. 인과관계가 성립하려면 공변성이라는 특징 외에도 몇 가지 추가 조건이 필요합니다.[6]

인과관계의 조건
1. 공변성 2. 선후관계 3. 비허위성

인과관계가 성립하기 위한 두 번째 필요조건은 '선후관계'입니다. A가 변하면 B가 뒤따라 변해야 한다는 것입니다. 하지만 이러한 시간적 격차를 정확하게 추적하기 위한 데이터를 구하는 일은 상당히 어렵죠.

인과관계의 또 다른 필요조건인 '비허위성'에 따르면 A와 B의 변화 양상은 다른 요인으로 설명되지 않아야 합니다. 예를 들어 바닷가에서 판매하는 아이스크림의 매출이 그 주변에서 일어나는 안전사고와 높은 상관성을 가진다고 해봅시다. 그렇다면 아이스크림 판매량이 많아 안전사고가 더 자주 일어났다고 결론 내리고 아이스크림 가게를 모두 철거해야 할까요? 사실 아이스크림 매출과 안전사고는 제3의 요인인 '방문객 수'에 좌우되므로 매출과 발생 건수 사이에 인과관계가 없다고 보는 것이 타당합니다. 이렇듯 인간은 수많은 인지적 편향과 오류를 극복하고 올바른 길로 나아가도록 의식적으로 노력해야만 올바른 의사결정을 내릴 수 있습니다.

지금까지 예측이란 무엇인지, 어떤 데이터가 사용되어야 하는지 그리고 특별히 주의해야 하는 점은 무엇인지 살펴봤습니다. 준비를 마쳤으니 이제 본격적으로 세상을 읽어내고 이를 수학적으로 풀어내는 도구를 살펴보도록 하겠습니다. 가장 먼저 살펴볼 것은 회귀분석 regression analysis 입니다.

결측
데이터가 누락되었을 때

정보는 숫자만이 아니라 소리, 이미지, 텍스트 등 다양한 형식을 가집니다. 이러한 데이터는 비정형 데이터라 불립니다. 그리고 이러한 데이터를 분석에 활용하기 위해서는 컴퓨터가 인식 가능한 도식으로 맞추는 정형화 과정이 필요합니다. 하지만 데이터의 정형화 과정을 잘 수행해도 거쳐야 할 관문이 하나 더 있으니 바로 '결측missing'입니다.

결측은 데이터 안에 값이 누락되어 있는 경우를 말하며, 다양한 이유로 발생합니다. 설문조사를 통해 데이터를 수집하는 경우를 생각해봅시다. 설문조사 응답자 중 일부는 소득이나 학력과 같이 민감한 문항에 응답하지 않아 결측치missing value를 만듭니다. 설문조사의 응답 내용을 조사자가 직접 컴퓨터에 입력해야 할 때, 실수로 일부 문항의 답을 누락한다면 이 또한 결측치가 됩니다.

다른 예를 들어보겠습니다. 웹서버에 실시간으로 축적되는 웹 로그(기록) 데이터는 광고 성과 분석, 사이트 방문자 특성 예측 등 여러 가지 분석에 활용할 수 있습니다. 그런데 분석에 활용하려 했던 특정 시기에 웹사이트 서버가 일시적으로 오류를 일으켰거나 서버 점검을 했다면, 그 기간의 로그 데이터는 수집되지 않고 결측치로 남아 있게 됩니다. 이처럼 결측치는 매우 다양한 상황에서 빈번하게 발생합니다. 오히려 분석 데이터에 결측치가 없는 경우는 특이한 상황일 정도죠.

따라서 어떤 데이터를 분석하기 전에 결측치가 발견된다면 이를 제거하거나 채우는 과정을 거쳐야 합니다. 각각의 과정에는 다음과 같은 전제가 필요합니다. 먼저 데이터가 포함하는 모든 변수의 종류와 값에 상관없이 무작위로 결측이 발생했다고 전제해 결측치를 '제거'하는 것을 고려해볼 수 있습니다. 이를 '완전 무작위 결측'missing completely at random, MCAR'이라고 합니다. MCAR이 아닌데도 결측치가 있는 사례를 제거한다면 분석 결과가 왜곡되는 것을 감수해야 합니다. 반면 결측치가 발생한 데이터가 그 주변의 다른 정보와 연관되어 있다고 전제하고 어떤 숫자로 그 결측치를 '채울' 수도 있습니다. 이는 '무작위 결측'missing at random, MAR'이라 불립니다.

딱딱한 용어들 때문에 다소 어렵게 들릴 수 있겠지만, 다음 예시를 살펴보면 아주 간단합니다. 표1처럼 일곱 가지 버섯에 대한 세 개의 변수 정보(갓 모양, 갓 색, 서식지)가 있다고 해봅시다. 우리는 표1을 통해 버섯 A의 갓 모양이 평평하다는 것을 바로 알 수 있습니다. 하지만 컴퓨터가 이를 구분할 수 있도록, 갓 모양이라는 변수의 값을 0과 1의 조합을 이용해 단순히 구분할 수 있는 값으로 만들어야 합니다. 표2와 같이 평평한 모양은 00, 오목한 모양은 01 등으로 치환하는 과정을 통해 컴퓨터가 받아들일 수 있는 도식으로 변환해야 하죠.

	갓 모양	갓 색	서식지
버섯 A	평평	보라색	초원
버섯 B	오목	흰색	도시
버섯 C	원뿔	노란색	숲
버섯 D	볼록	흰색	도시
버섯 E	평평	–	초원
버섯 F	원뿔	노란색	숲
버섯 G	평평	–	초원

표1

	갓 모양	갓 색	서식지
버섯 A	00	010	110
버섯 B	01	001	011
버섯 C	10	101	000
버섯 D	11	001	011
버섯 E	00	–	110
버섯 F	10	101	000
버섯 G	00	–	110

표2

표의 변숫값들을 살펴보면, 버섯 E와 G의 갓 색이 결측치로 표시되어 있습니다. 그런데 이 결측치는 무작위로 발생했을까요? 자세히 들여다보면, 결측치는 버섯의 갓 모양이 평평하고 서식지가 초원일 때로 한정되어 있습니다. 이런 경우라면 MCAR이 아닌 MAR을 전제로 해야 합니다. 따라서 버섯 E와 G의 사례를 제거함으로써 결측치를 없애는 것은 바람직하지 않으며, 주변의 다른 변수들이 주는 정보를 통해 결측치를 채우는 것이 합당합니다. 마침 버섯 A의 갓 모양이 평평하고 서식지가 초원이므로, 이를 바탕으로 갓 색에 관한 결측치 두 개는 보라색(010)으로 채우는 것이 가장 합리적입니다.

## 2장

한 줄의 선으로
답을 찾는다

지금 우리 사회는 인공지능, 머신러닝, 딥러닝 같은 현대적이고

세련되어 보이는 수학적 기법에 열광하고 있습니다.

수학과 기술에 관심이 없는 사람들조차 이 단어를 알 정도죠.

그에 비해 **'회귀분석'**이라는 단어는 최신의 분위기를 풍기는

단어들과는 거리가 멀어 보입니다.

하지만 회귀분석이야말로 인공지능의 근간을 이루는

단순하면서도 강력한 예측 도구이자,

여러분이 가장 많이 사용하게 될 도구일지도 모릅니다.

한눈에
파악하기

여러분이 한 제조회사의 마케팅 관리자라고 가정하겠습니다. 여러분은 매년 제품의 마케팅 예산을 편성하고, 그에 따른 판매량을 예측하는 보고서도 작성해야 합니다. 이때 꽤 그럴듯한 수준으로 판매량을 예측할 수 있다면, 분명 생산 계획과 재고 관리에 엄청난 도움이 될 것입니다. 이 미션을 성공적으로 수행하려면 가장 먼저 '과거'의 데이터를 들여다봐야 합니다. 기왕이면 이 데이터를 시각화해 보기 편하게 만드는 것이 좋겠죠. 이때 사용하는 것이 '산점도 scatter plot' 그래프입니다.

산점도는 각각의 데이터를 2차원 평면에 점으로 나타낸 그래프로, 데이터가 흩어져 있는 정도를 파악하는 데 매우 유용합니다. 또한 산점도는 일종의 전망을 보여주기도 합니다. 예를 들어 회사가 마케팅에 지출한 비용 대비 제품의 판매량을 잘 기록해뒀다면, 다음과 같은 산점도로 표현할 수 있습니다.

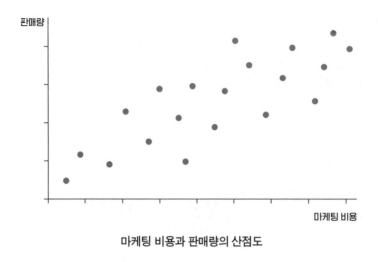

마케팅 비용과 판매량의 산점도

산점도 그래프는 원인과 결과의 끈으로 이어져 있다고 생각되는 두 변수를 x축과 y축으로 놓습니다. 이 산점도에는 마케팅에 비용을 많이 지출할수록 더 많은 소비자에게 제품이 노출되고, 따라서 제품 판매량도 늘어난다는 우리의 의도가 담겨 있죠(앞에서 상관관계가 인과관계를 담보하지 않는다고 이야기했지만 여기에서는 마케팅 비용과 제품 판매량이 인과관계가 있다고 가정하겠습니다). 산점도는 이러한 두 변수 간 상관관계의 정도를 시각적으로 제시해주는 장점이 있습니다. 만약 두 변수의 상관관계가 낮다면 데이터가 무작위적으로 흩어진 산점도가 만들어지겠지만, 상관관계가 높다면 뚜렷한 경향성을 파악할 수 있죠. 만약 특정 경향성이 발견된다면 마케팅 비용을 얼마나 지출해야 만족할 만한 판매량을 얻을지 예측해볼 수 있습니다.

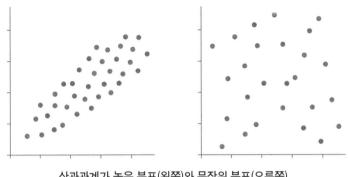

상관관계가 높은 분포(왼쪽)와 무작위 분포(오른쪽)

물론 이 모든 작업은 과거의 데이터가 있어야만 합니다. 그렇기에 사용할 수 있는 데이터를 보유하고 축적하는 것은 데이터의 분석 만큼이나 중요한 일입니다.

직선으로
예측하는 세계

산점도를 이용해 데이터의 경향성을 대략적으로 파악했다면, 다음 순서는 이 산점도를 '대표'하는 직선을 찾는 것입니다. 그러나 기준이 없다면 어떤 직선이 산점도를 가장 잘 대표하는지에 대해 사람마다 의견이 다를 수밖에 없습니다.

다행히도 특정한 기준을 이용해 최적의 직선을 찾는 수학적 방법이 존재합니다. 바로 '단순선형회귀분석 simple linear regression analysis'입니다. 이 분석 기법은 마케팅 비용을 이용해 판매량을 예측하듯이 단

하나의 독립변수로 종속변수를 예측하기 때문에 '단순'이라는 말이, 산점도를 대표하는 단 하나의 직선인 '선형회귀선linear regression line'을 도출하는 분석이기에 '선형회귀'라는 말이 붙었습니다. 또한 우리가 직접 계산할 필요 없이 마우스 클릭 몇 번만으로 선형회귀선을 구할 수 있으므로 단순선형회귀분석은 접근성이 매우 뛰어난 도구입니다.

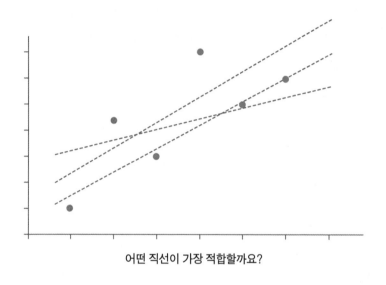

어떤 직선이 가장 적합할까요?

다만 컴퓨터가 어떤 방식으로 선형회귀선을 구하는지 정도는 알고 있는 것이 좋겠습니다. 컴퓨터는 무수히 많은 가상의 직선 중에서 이 직선들과 실제 데이터의 차이, 다시 말해 '잔차residual'라 부르는 값을 최소화하는 방식으로 단 하나의 직선을 선별해냅니다. 이 방식은 흔히 최소제곱법method of least squares이라고 불립니다+.

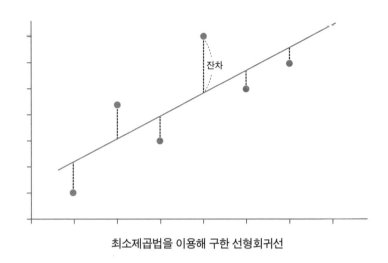

잔차

최소제곱법을 이용해 구한 선형회귀선

위 선형회귀선은 아주 단순한 관계를 표현한 1차 함수입니다. 1장에서 이야기했듯 함수는 하나의 약속에 불과합니다. 어떤 물건을 집어넣었을 때 주황색을 칠해주는 기계가 있다면 이는 '주황색을 칠한다'는 약속을 가진 함수 기계입니다. 조금 딱딱하게 말하자면, 함수는 입력 X를 새로운 출력 Y로 만들어주는 f라는 약속이죠. 1차 함수도 마찬가지입니다. 1차 함수는 독립변수 x를 넣으면 거기에 a를 곱한 다음, b를 더하라는 약속에 따라 종속변수 y가 도출되는 단순한 함수입니다. 여기서 독립변수는 오로지 x 하나이므로 단순선형회귀분석은 말 그대로 단순히 변수 하나에 따라 결과가 좌우됩니다.

✦   최소제곱법에 관한 자세한 내용은 '한 걸음 더 +'에 있습니다.

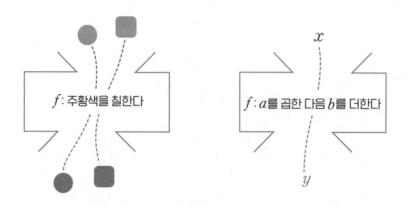

이제 다시 마케팅 보고서로 돌아가, 여러분에게 다음과 같은 데이터가 주어졌다고 가정해보겠습니다.

A년도: 마케팅 비용 3,000만 원 / 판매량 500개

B년도: 마케팅 비용 5,000만 원 / 판매량 760개

C년도: 마케팅 비용 8,000만 원 / 판매량 1,100개

D년도: 마케팅 비용 6,500만 원 / 판매량 700개

여러분은 마케팅 비용과 판매량에 인과관계가 있다고 생각할 것입니다. 따라서 마케팅 비용을 독립변수 x로, 판매량을 종속변수 y로 지정해 단순선형회귀분석을 시도할 수 있습니다. 이 데이터를 토대로 산출한 선형회귀식은 오른쪽 그래프와 같습니다.

이렇게 구한 1차 함수의 선형회귀식은 들인 노력에 비해 대단히 강력한 힘을 발휘합니다. 올해 마케팅 예산 y를 알고 있다면 독

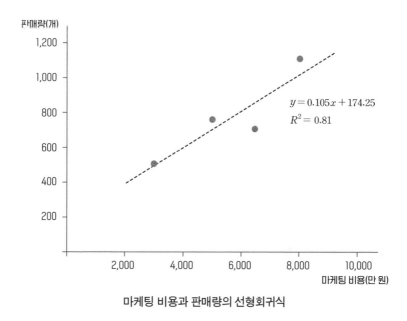

판매량(개)

$y = 0.105x + 174.25$
$R^2 = 0.81$

마케팅 비용(만 원)

마케팅 비용과 판매량의 선형회귀식

립변수 x에 마케팅 비용을 넣어서 제품의 판매량 y를 예측할 수 있죠. 올해 마케팅 예산이 7,000만 원이라면 해당 선형회귀식을 통해 판매량이 약 909개라고 추정할 수 있습니다. 또한 선형회귀식은 마케팅 예산에 관한 통찰을 제공해줍니다. 식을 살펴보면 독립변수 x에 해당하는 마케팅 예산에 0.105가 곱해진 것을 알 수 있습니다. 이를 통해 마케팅 예산이 1,000만 원 증가하면 제품 판매량이 105개가 증가한다고 기대할 수 있죠. 또한 마케팅 예산이 0원이라면 선형회귀식을 통해 174.25라는 상수만 얻을 수도 있습니다. 다시 말해 마케팅 예산을 편성하지 않더라도 약 174개의 판매량을 기대할 수 있는 것입니다.

다만 선형회귀선에 사용된 데이터와 지나치게 동떨어진 숫자를 독립변수로 사용한다면 결괏값의 신뢰도가 굉장히 떨어질 수 있음을 유의해야 합니다. 앞선 예시는 3,000만 원에서 8,000만 원에 해당하는 마케팅 비용을 독립변수로 사용했습니다. 그러므로 이 범위에서 벗어난 0원을 마케팅 예산의 독립변수로 활용하는 것은 적절하지 않을 수도 있습니다. 30억 원을 마케팅 예산으로 편성했을 때의 판매량을 추정하는 것도 마찬가지입니다.

회귀분석의
설득력

선형회귀식을 통해 도출한 예상치는 얼마나 정확할까요? 이 질문은 매우 중요합니다. 수학도구를 이용해 선형회귀식을 만드는 이유는 미래를 예측해 불확실성을 최소화하기 위해서지만, 예측이란 행위 자체는 근본적으로 불확실성을 내재하고 있기 때문입니다. 그러므로 우리의 예측이 얼마나 잘 들어맞을지의 '가능성'도 확인할 필요가 있습니다.

이를 위해 단순선형회귀분석을 이용해 만든 직선이 이전의 데이터를 얼마나 잘 반영했는지를 추정하는 방법도 개발되었습니다. 일반적으로 컴퓨터는 선형회귀분석을 실행할 때 선형회귀선과 함께 '결정계수coefficient of determination', R^2이라는 값을 제시해줍니다. 결정계수는 회귀선이 얼마나 데이터를 잘 반영했는지를 계량화한 것으로 0과 1 사이의 값을 가지며, 1에 가까울수록 선형회귀선이 데이터와 잘 일치한다고 볼 수 있습니다. 앞서 도출한 선형회귀식의 결정계수는 0.81이므로, 독립변수인 마케팅 예산은 판매량 추정에 81퍼센트만큼 도움을 준다고 생각할 수 있습니다. 즉 독립변수의 설명 능력인 셈이죠.[+]

선형회귀식을 이용한 데이터 해석은 앞으로 여러분이 자주 마주하게 될 가능성이 높으므로 또 다른 데이터를 이용해 선형회귀식을 한 번 더 들여다보겠습니다. 약혼을 위해 영원한 사랑을 상징하는 다이아몬드 반지를 고를 때면 우리는 어느 정도 고민에 빠집니다. 사랑하는 사람을 향한 마음의 무게가 다이아몬드 무게에 비례하지는 않지만, 큰 다이아몬드에 눈길이 갈 수밖에 없습니다. 문제는 다이아몬드의 무게가 무거울수록 가격 또한 상승한다는 것이죠. 다이아몬드 무게(캐럿 carat)에 따라 가격은 얼마나 변동할까요? 다음과 같이 다이아몬드 무게와 가격에 관한 가상의 데이터 120개가 있다고 해보겠습니다.

[+] 단순선형회귀분석을 수행할 때 흔히 저지르는 실수가 있습니다. 바로 회귀분석의 결정계수가 높게 나왔다는 사실이 독립변수와 종속변수 간의 인과성을 보장한다고 생각하는 것입니다. 그러나 단순선형회귀분석이 인과관계를 증명하기 위한 도구는 아닙니다. 실제 인과관계에 가깝게 분석모형을 구성하려면 관심 있는 독립변수 외에 종속변수에 영향을 주는 수많은 다른 독립변수도 포함해야 합니다.

무게(캐럿)	가격(원)
0.5	5,979,366
1.3	7,649,026
1.1	10,894,172
⋮	
0.5	5,550,040
1.6	9,748,139
0.4	4,381,813
1.4	8,095,482

가로축에 독립변수인 다이아몬드 무게를 넣고 세로축에는 종속변수인 가격을 넣어 산점도를 그려보면 양의 상관관계가 뚜렷하게 나타납니다. 이제 최소제곱법을 바탕으로 선형회귀선을 그려보면 다음과 같은 1차 함수를 얻을 수 있습니다.

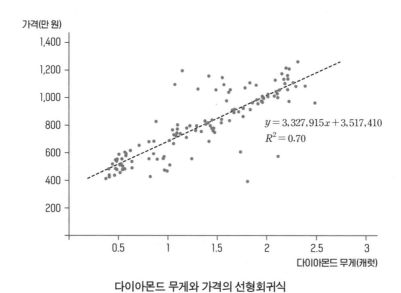

$$y = 3,327,915x + 3,517,410$$
$$R^2 = 0.70$$

다이아몬드 무게와 가격의 선형회귀식

이제 우리는 이 선형회귀식을 해석할 수 있는 지식을 가지고 있습니다. 다이아몬드 무게가 1캐럿 증가하면 가격은 332만 7,915원만큼 상승합니다. 또한 결정계수가 0.7인 것을 보니 이 식은 꽤 설득력이 있다고 볼 수 있겠네요.

직선만으로
설명되지 않는 것

지금까지 마케팅 비용과 판매량, 다이아몬드 무게와 가격의 관계를 단순선형회귀분석으로 알아보았습니다. 이처럼 단순선형회귀분석은 단순하면서도 강력한 예측 기법이기에 굉장히 많은 곳에서 사용되고 있습니다. 하지만 주의해야 할 점도 있습니다.

여기 정체불명의 데이터 표가 있습니다. 무엇에 관한 데이터인지 알 수는 없지만, 이 데이터를 산점도로 나타낸 후 단순선형회귀분석을 실행하면 꽤 그럴싸한 직선이 만들어집니다.

이 선형회귀식을 이용해 독

x	y
6	120
7	125
8	131
9	137
10	144
11	150
12	156

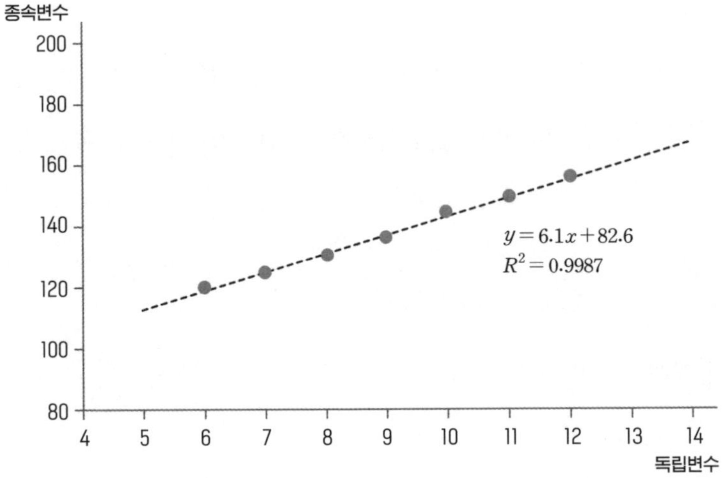

어떤 데이터의 산점도와 선형회귀식

립변수가 20일 때의 종속변수를 추정하면 204.6이라는 값을 얻을 수 있습니다. 또한 결정계수는 0.9987로, 99.9퍼센트의 설명 능력을 갖고 있으니 꽤 신뢰할 만한 값으로 보입니다. 다만 아주 사소한 문제가 있습니다. 이 데이터가 2019년 기준 6세부터 12세까지 여자아이의 평균 키라는 점이죠.[1] 선형회귀식에 따르면 20세 여성의 평균 키는 약 205센티미터여야 합니다. 이것은 분명 무언가 잘못되었습니다.

미래를 예측하기 위해 데이터에 단순선형회귀분석을 무조건 적용하는 것은 잘못된 결론으로 인도할 위험성을 내포하고 있습니다. 아무리 결정계수가 높을지라도 말입니다. 사람의 성장은 20세쯤 되면 멈추지만 비교적 짧은 기간의 데이터로 분석하면 이 정보가 반영되지 않죠. 그렇다면 정확한 추세를 예측하기 위해서는 몇 년간의 데이터가 필요한 것일까요? 그것 또한 데이터를 토대로 우리의 경험에 따라 판단해야 합니다.

키 데이터는 직선 형태가 아니라 점점 성장의 폭이 줄어들다가 어느 순간에 멈추는 '로그log' 곡선 형태로 표현됩니다.[+] 따라서 키 데이터에는 직선이 아닌 곡선의 형태로 회귀선을 적용하는 것이 더 바람직합니다. 그 밖에도 학습 곡선, 행복과 소득수준의 관계 등 세상은 직선만으로는 설명하기 어려운 데이터로 가득합니다.

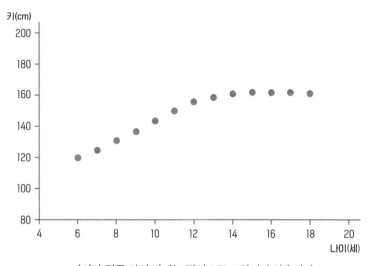

나이와 평균 키의 관계는 직선으로 표현되지 않습니다.

＋ 로그는 5장에서 자세히 이야기할 예정입니다.

그렇기에 데이터마다 단순선형회귀분석을 적용할지 비선형 방식을 적용할지 결정하는 판단력을 키우는 것이 중요합니다. 계산은 컴퓨터가 하지만, 데이터의 처리 방식을 결정하고 해석하는 것은 사람의 몫이기 때문입니다.

이와 같은 점을 주의하며 사용한다면 단순선형회귀분석은 충분히 강력한 도구입니다. 하지만 결정적인 한계도 존재합니다. 종속변수에 영향을 끼치는 독립변수는 하나가 아닌 경우도 많기 때문입니다.

같은 온도,
다른 느낌

지금까지 아주 단순한 상황, 다시 말해 하나의 변수에 하나의 요인이 영향을 끼치는 사례들(마케팅 비용과 판매량, 다이아몬드 무게와 가격 등)을 통해 회귀분석이 어떻게 작동하는지 알아봤습니다. 그리고 이 회귀분석에 '단순'이라는 이름을 붙였던 것도 기억하실 것입니다. 그러나 결과에 영향을 끼치는 원인은 단순하지 않고 굉장히 다양할 수 있습니다.

멀지 않은 곳에서 찾아볼 수 있는 사례는 바로 체감온도입니다. 사람들은 일기예보, 특히 '온도'를 통해 외부의 날씨를 짐작합니다(엄밀히 말하면 기온과 온도는 다르지만, 여기서는 온도를 기온과 같은 뜻으

루 사용했습니다. 기온은 지표면으로부터 1.5미터 높이에 있는 대기의 온도를 말합니다.). 하지만 같은 온도일지라도 어떤 날은 산책하기 좋다는 생각이 들고, 또 어떤 날은 굉장히 춥다고 느껴질 때가 있습니다. 실제로 덥고 춥다고 느끼는 온도인 '체감온도'는 그저 온도에만 영향을 받지 않기 때문입니다.

사람의 몸은 언제나 같은 온도를 유지하려고 노력합니다. 추우면 혈관을 수축해서 밖으로 열이 배출되는 것을 막고, 근육을 떨리게 만들어 마찰을 일으킴으로써 열을 발생시킵니다. 반대로 더운 날씨에는 땀을 배출해 몸을 시원하게 만들 수도 있습니다. 땀이 증발할 때 열을 빼앗아가는 원리 덕분이죠.

이때 습도와 바람은 땀의 증발에 큰 영향을 끼칩니다. 만일 주변의 습도가 높다면 장마철에 널어놓은 빨래가 잘 마르지 않듯, 땀 역시 쉽게 증발하지 않습니다. 그렇기 때문에 습도가 높은 날에는 더 덥다고 느끼게 됩니다. 또한 바람이 많이 불면 피부로 새로운 공기가 끊임없이 유입되어 땀이 빨리 증발하므로 시원하다고 느끼죠. 그래서 일기예보는 기온뿐 아니라 풍속을 반영한 체감온도를 안내해줍니다. 체감온도를 계산하는 공식은 다음과 같습니다.[+]

+ 여기 주어진 체감온도 공식은 겨울철 체감온도를 계산하는 식으로, 섭씨 10도 이하, 풍속 초속 1.3미터 이상일 때만 산출합니다. 여름철 체감온도를 계산하는 공식은 다음과 같습니다.

체감온도 $= -0.2442 + 0.55399\,T_W + 0.45535\,T_a - 0.0022\,T_W^2 + 0.00278\,T_W T_a + 3.0$

$$\text{체감온도} = 13.12 + 0.6215\,T_a - 11.37\,V^{0.16} + 0.3965\,V^{0.16}\,T_a$$

식에 등장하는 T는 기온(섭씨 온도, ℃)이며, V는 10분간의 평균 풍속(시속킬로미터, km/h)입니다. 앞서 보았던 단순선형회귀분석보다는 조금 복잡하지만, T와 V만 알고 있다면 체감온도를 아주 쉽게 구할 수 있습니다.

또한 날씨에 따른 불쾌감을 나타내는 '불쾌지수'는 습도와 온도의 영향을 받습니다. 다음 식에서 T는 마찬가지로 기온이며, RH는 상대습도(%)입니다. 만약 이 식으로 계산된 불쾌지수가 80을 넘으면 대부분의 사람이 불쾌감을 느끼는 것으로 알려져 있습니다.

$$\text{불쾌지수} = \frac{9}{5}\,T_a - 0.55(1 - RH)\left(\frac{9}{5}\,T_a - 26\right) + 32$$

체감온도와 불쾌지수처럼 어떤 결과에 영향을 미치는 요인은 한 가지가 아닌 경우가 많습니다. 이러한 말이 당연하게 느껴진다면 여러분은 이미 '다중회귀분석 multiple regression analysis'을 받아들일 준비가 된 것입니다.

너무 다양한
다이아몬드

　　다시 반짝이는 다이아몬드로 돌아가 이야기를 계속해보겠습니다. 우리는 앞에서 다이아몬드의 무게와 가격의 관계를 단순선형회귀분석을 이용해 확인해봤습니다. 하지만 다이아몬드의 가격에 영향을 끼치는 요인이 무게뿐인 것은 아닙니다. 무게가 가격의 가장 중요한 요인인 것은 분명하지만, 세공의 정밀도(컷 등급), 색깔, 투명도, 심지어 원석의 산지와 브랜드에 따라서도 다이아몬드의 가격은 달라집니다. 그러므로 다이아몬드의 무게만이 아니라 이러한 요소들을 추가로 고려한다면, 다이아몬드 가격을 더 잘 설명하는 함수를 만들 수 있습니다. 이처럼 여러 요인을 고려할 때 필요한 분석 기법이 바로 '다중회귀분석'입니다.

다이아몬드 가격을 결정하는 요소들

　　단순선형회귀분석은 하나의 원인에 대응하는 결과가 하나입니다. 그러므로 원인과 결과를 순서쌍으로 표현한 후 단순한 2차원 평면에 표시해 데이터의 추세를 쉽게 볼 수 있죠. 하지만 다중회귀분석은 그보다 복잡할 수밖에 없습니다. 만약 종속변수(가격)에 따른 독립변수가 두 가지(무게, 투명도)라면 총 세 개의 순서쌍(무게, 투명도, 가격)을 가지므로 3차원에 표시되어야 합니다. 따라서 다중회귀분석은 단순선형회귀분석의 2차원 평면이 아니라 3차원의 지형도를 갖게 됩니다. 여러분이 어딘가를 탐험할 때 지형을 알고 있는 경우와 그렇지 않은 경우는 엄청난 차이를 만들어냅니다. 예측의 영역에서도 이러한 지형도를 갖는 것은 매우 중요합니다. 물론 단순히 다이아몬드의 가격을 예측하는 것이 아니라, 배우자가 어떤 브랜드의 다이아몬드를 원하는지 예측하는 것이 더 중요할 수도 있겠지만 말입니다.

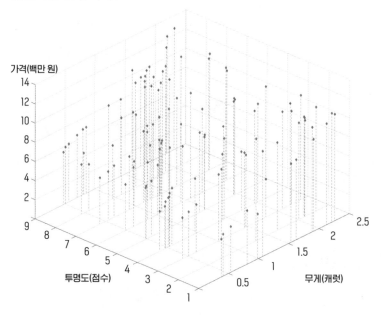

무게, 투명도, 가격의 3차원 산점도

그런데 무게와 투명도 외에 브랜드 인지도와 같은 요인을 추가한다면, 더 이상 3차원 지형도로 데이터를 표현하는 것은 불가능해집니다. 이미 3차원 지형도로 표현된 데이터에 변수가 하나 더 추가되면 4차원의 지형도가 필요할 테니까요. 우리가 사는 공간은 가로, 세로, 높이가 있는 3차원이기에 4차원 이상을 시각화하는 데는 어려움이 있습니다. 다만 수학적으로 이 공간을 표현하는 것에는 아무런 어려움이 없기 때문에, 변수가 세 개 이상이더라도 그것들을 활용하는 데는 문제가 되지 않는다는 것이 그나마 다행입니다.

$$(x_1,\ x_2,\ x_3,\ x_4,\ x_5,\ x_6,\ x_7,\ x_8,\ x_9,\ x_{10},\ y)$$

차원이 아무리 늘어나도 수학적 표현은 가능합니다.

모든 영향력을 고려하라

데이터만 잘 정리한다면 다중회귀분석도 단순선형회귀분석과 마찬가지로 어렵지 않습니다. 다이아몬드 샘플이 120개 있고, 이 다이아몬드들의 무게와 가격뿐 아니라 브랜드 인지도, 투명도, 컷 등급과 관련된 정보를 알고 있다고 가정해 보겠습니다. 브랜드 인지도와 컷 등급에는 1점부터 5점까지 점수가 매겨져 있고, 투명도는 1부터 9까지의 범위로 정해져 있으며 점수가 높을수록 더 좋은 등급의 다이아몬드입니다.

무게(캐럿)	브랜드 인지도	투명도	컷 등급	가격(원)
0.5	4	9	1	5,979,366
1.3	2	7	5	7,649,026
1.1	3	3	4	10,894,172
⋮				
0.5	3	4	2	5,550,040
1.6	5	8	4	9,748,139
0.4	2	1	1	4,381,813
1.4	4	7	3	8,095,482

이 데이터를 토대로 무게, 브랜드 인지도, 투명도, 컷 등급을 독립변수로 설정하고 가격을 종속변수로 설정해 다중회귀분석을 시도한다면, 다음과 같이 결정계수가 0.8인 다중회귀식을 얻게 됩니다.

$$가격: P_D, 무게: C, 인지도: B, 투명도: T, 컷 등급: U$$
$$P_D = 1303677 + 2892951C + 474507B + 57146T + 303784U$$

다이아몬드 가격을 추정하는 다중회귀식은 단순선형회귀식만큼이나 쉽고 직관적입니다. 무게 외의 다른 요소가 모두 동일하다고 가정한다면, 다이아몬드의 무게가 1캐럿 늘어날 때마다 다이아몬드의 가격은 289만 2,951원만큼 올라간다고 예상힐 수 있습니다. 또한 브랜드 인지도 외의 모든 요소가 동일하다면, 브랜드 인지도 점수가 1점 증가할 때마다 다이아몬드의 가격은 47만 4,507원씩 올라가겠죠. 투명도와 컷 등급도 같은 방식으로 해석할 수 있습니다.

한편 다이아몬드의 가격을 단순히 무게를 이용해 추정한 선형회귀분석의 결정계수는 0.7이었지만, 다중회귀분석을 이용해 가격을 예측했을 때의 결정계수는 0.8로 약 10퍼센트포인트 상승했습니다. 이처럼 다중회귀분석은 결과에 영향을 끼치는 다수의 독립변수를 추가함으로써 예측의 정확도를 높일 수 있습니다. 종속변수에 영향을 주는 독립변수들이 무엇인지 잘 파악할 수만 있다면 말이죠.

다중회귀분석에는 예측의 정확성을 높이는 것 외에도 한 가지 목적이 더 있습니다. 바로 관심이 있는 특정한 독립변수의 영향력을 정확히 파악하는 것입니다. 다이아몬드의 단순선형회귀분석에서는 무게가 1캐럿 증가하면 약 333만 원의 가격 상승이 예측되었습니다. 반면 컷 등급, 투명도, 브랜드 인지도의 세 가지 독립변수를 추가해 다중회귀분석을 시행했을 때는 무게 1캐럿당 약 289만 원의 가격 상승이 예측되었죠. 두 분석 모두 '무게'라는 변수를 고려했지만 약 44만 원이라는 가격 차이가 발생한 것입니다. 여기서 한 가지 의문이 생깁니다. 만약 다이아몬드 가격에 끼치는 무게의 고유한 영향력을 파악하고 싶다면 어떤 추정치를 신뢰해야 할까요? 단순선형회귀분석의 약 333만 원일까요? 아니면 다중회귀분석의 약 289만 원일까요?

이 상황을 보다 쉽게 설명하기 위해 간단한 벤다이어그램Venn diagram을 그려보겠습니다. 왼쪽의 벤다이어그램은 다이아몬드의 무게를 이용해 가격을 예측하는 상황입니다. 여기서 종속변수와 독립변수가 겹치는 A 부분은 다이아몬드의 무게를 통해 가격을 예측할 수 있는 정도를 나타냅니다. 따라서 A의 면적이 넓을수록 다이아몬드 가격에 대한 무게의 영향력이 크다고 할 수 있습니다. 오른쪽 벤다이어그램은 다이아몬드의 가격을 예측하는 데 무게와 투명도를 함께 고려하는 경우입니다. 여기서 다이아몬드 가격에 대한 무게의 영향력과 투명도의 영향력은 일부 겹칠 수도 있습니다. 여기서 무게가 가격에 끼치는 순수한 영향력은 B 영역입니다.

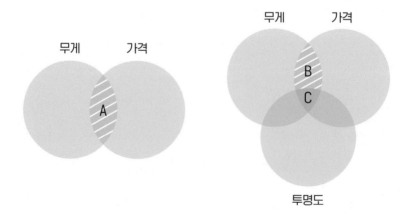

다중회귀분석에서 추성뇌는 무세의 영향력은 컷 등급, 색, 투명도의 영향력을 제외한 순수한 영향력입니다.[2] 따라서 앞선 질문에 답하자면 다중회귀분석의 추정치인 약 289만 원을 더 신뢰할 수 있습니다. 이렇게 무게의 순수한 영향력을 파악할 때 무게를 제외한 다른 독립변수들을 통제변수control variable라고 부릅니다.

회귀분석이 강력한 분석 기법으로 평가받는 이유는 이처럼 각 독립변수가 종속변수에 끼치는 영향력의 정도를 손쉽게 평가할 수 있기 때문입니다. 또한 약간의 주의만 기울인다면 대다수의 의사결정은 회귀분석으로 수행하는 예측 수준에서 해결되는 경우가 많습니다. 그리고 엑셀과 같이 널리 보급된 사무 프로그램에서 이 분석 기법을 제공하기에 접근성도 아주 뛰어나죠.

회귀분석에 관한 설명은 이 정도로 마무리해도 좋을 것 같습니다. 이제 회귀분석이 작동할 수 없는 분야에서 강력한 예측 능력을 보여주고 있는 최신 기술인 딥러닝에 관한 이야기를 시작해보겠습니다.

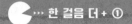
최소제곱법
예측의 오차를 줄여라

앞에서 선형회귀선을 그리기 위해 잔차를 최소화하는 최소제곱법을 활용한다고 이야기했습니다. 여기서는 예시를 통해 최소제곱법으로 선형회귀선을 구하는 방법을 자세히 살펴보겠습니다.

가상의 데이터 A, B, C가 오른쪽 산점도에 제시되어 있습니다. A는 독립변수가 2일 때 종속변수가 2인 데이터를 표시한 것입니다. 독립변수는 x축에, 종속변수는 y축에 표시했으므로 A는 $x=2, y=2$인 점 또는 $(2, 2)$의 순서쌍으로 2차원 좌표평면에 표시됩니다. 마찬가지로 B는 $(4, 9)$, C는 $(6, 4)$에 표시되어 있습니다.

이제 이 세 점에 가장 적합한 회귀선, 다시 말해 이 모든 점을 잘 설명하는 최적의 직선을 찾아야 합니다. 여기서 직선이란 $y = ax + b$로 표현되는 1차 함수이므로, 결국 회귀선은 a, b 값을 확정하는 작업입니다. a, b가 확정되면 x(독립변수)값이 변화할

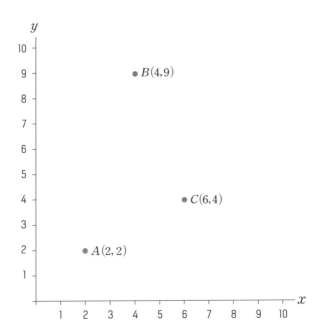

때, y(종속변수)가 어떤 값일지 추정할 수 있죠.

이제 산점도에 임의로 직선 (가)를 그리고 이 직선이 우리가 원하는 회귀선에 해당할지 생각해보겠습니다. 직선 위에 놓인 두 점 $(a, b), (p, q)$를 알고 있을 때, 직선의 방정식을 구하는 간단한 방법은 다음과 같습니다.

$$y - b = \frac{q - b}{p - a} \times (x - a)$$

이 직선은 $(0,4)$와 $(5,7)$을 지나고 있으므로, $y = 0.6x + 4$임을 알 수 있습니다. 직선의 방정식을 알고 있다면, 우리는 아래처럼 개별 데이터 y값과 직선 y값의 차를 이용해 일종의 거리를 측정할 수 있습니다. 그리고 이 거리를 최소로 하는 직선이 바로 우리가 그토록 바라는 선형회귀선이죠. 이 값을 구하기 위해 실제 데이터 의 y값에서 그래프로 추정한 y값을 뺀 것이 바로 '잔차'입니다.

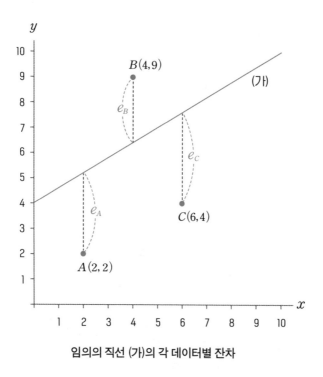

임의의 직선 (가)의 각 데이터별 잔차

먼저 직선 (가)와 데이터 A의 잔차를 구해보겠습니다. 데이터 A는

$(2,2)$, 즉 $x=2$일 때 $y=2$인 점입니다. 이때 데이터 A의 x좌표, 즉 $x=2$를 직선 (가)에 해당하는 $y=0.6x+4$에 대입하면 $y=5.2$라는 값을 얻을 수 있습니다. 그러므로 잔차는 A점의 y값 2에서 직선의 y값 5.2를 뺀 –3.2가 됩니다. 같은 방식으로 계산하면 직선 (가)와 B점과의 잔차는 2.6, C점의 잔차는 –3.6이 나옵니다. 또 다른 임의의 직선 (나) $y=0.8x+2$와 세 점의 잔차도 구할 수 있으며, 그 값은 각각 –1.6, 3.8, –2.8입니다.

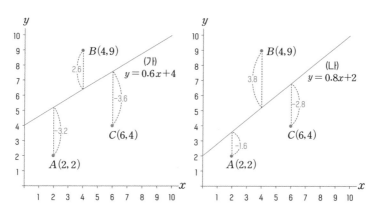

임의의 직선 (가)와 (나)의 잔차 비교

A, B, C와 그래프 사이의 거리 차이를 모두 더했을 때, 그 값이 더 작은 그래프가 실제 데이터를 훨씬 잘 설명하는 그래프라고 말할 수 있습니다. 잔차는 일종의 거리 역할을 하므로 (가)와 (나) 중 어떤 그래프가 실제 데이터를 더 잘 설명하는지 도움을 줍니다. 다

만 이대로 잔차를 더한다면 일부 음수값 때문에 잔차의 합이 작아지는 문제가 존재합니다. 이 문제는 잔차를 제곱해 더함으로써 해결할 수 있습니다. '잔차제곱합'을 사용하면 잔차의 합보다 결과값을 더 크게 만들 가능성이 있지만, 어떤 그래프의 잔차제곱합이 더 작은지 비교하는 측면에서는 아무런 지장을 주지 않죠. 직선 (가)와 직선 (나)의 잔차제곱합은 다음과 같습니다.

(가)의 잔차제곱합 : $(-3.2)^2 + (2.6)^2 + (-3.6)^2 = 29.96$
(나)의 잔차제곱합 : $(-1.6)^2 + (3.8)^2 + (-2.8)^2 = 24.84$

잔차제곱합은 어떤 그래프가 실제 데이터를 더 잘 설명할 수 있는지를 판단하는 중요한 지표입니다. 하지만 (가)와 (나)처럼 임의의 직선을 마구잡이로 만들고 잔차제곱합을 비교해서 그 값이 더 작은 그래프를 찾는다면, 시간이 오래 걸릴 뿐 아니라 주어진 시간 안에 잔차제곱합이 가장 작은 최적의 직선을 찾는다는 보장이 없습니다. 다행히 우리는 조금 더 세련된 기법을 사용해 잔차제곱합이 가장 작은 직선을 찾아낼 수 있습니다. 이것이 바로 '최소제곱법'입니다.

최소제곱법을 사용하려면 잔차제곱합을 구하는 과정을 조금 더 일반화해야 합니다. 지금부터 그 작업을 해보겠습니다. 구하고자 하는 선형회귀선을 $f(x)$라 하고, 실제 데이터의 종속변수 값을 y라 한다면 잔차 e는 다음과 같이 표현할 수 있을 것입니다.

$$e = y - f(x)$$

이때 $f(x) = ax + b$이므로 다시 표현한다면 다음과 같습니다.

$$e = y - (ax + b)$$

이를 이용해 A(2, 2), B(4, 9), C(6, 4)와의 잔차를 나타낼 수 있습니다.

$$e_A = y_A - \hat{y}_A = y_A - (ax_A + b) = 2 - (2a + b) = -2a - b + 2$$
$$e_B = y_B - \hat{y}_B = y_B - (ax_B + b) = 9 - (4a + b) = -4a - b + 9$$
$$e_C = y_C - \hat{y}_C = y_C - (ax_C + b) = 4 - (6a + b) = -6a - b + 4$$

이제 잔차제곱합을 구하기 위해 이 세 잔차를 제곱한 후 더해 전개합니다.

$$(e_A)^2 + (e_B)^2 + (e_C)^2$$

$$= (-2a - b + 2)^2 + (-4a - b + 9)^2 + (-6a - b + 4)^2$$
$$= (4a^2 + b^2 + 4ab - 8a - 4b + 4)$$
$$+ (16a^2 + b^2 + 8ab - 72a - 18b + 81)$$
$$+ (36a^2 + b^2 + 12ab - 48a - 8b + 16)$$
$$= 56a^2 + 3b^2 + 24ab - 128a - 30b + 101$$

조금 복잡해 보여도 잔차제곱합을 최소화하는 문제는 결국 a와 b에 관한 2차 함수를 최소화하는 문제로 귀결됩니다. 그리고 2차 함수의 최솟값은 미분을 이용하면 아주 쉽게 구할 수 있습니다(여기서 미분의 정의와 방법에 관한 이야기를 하는 것은 또 다른 내용을 시작하는 것이므로 생략했습니다. 미분을 모른다 해도 내용을 따라가는 데는 문제가 없습니다). 이 식을 a와 b에 대해 각각 편미분하면, 미분계수가 0이 되는 a값과 b값을 각각 구할 수 있는 연립방정식이 유도됩니다. 이 방정식을 만족하는 a, b가 2차 함수를 최소로 만드는 값입니다.

$$112a + 24b - 128 = 0$$
$$24a + 6b - 30 = 0$$
$$a = 0.5, \quad b = 3$$

이렇게 해서 세 개의 점을 대표하는 선형회귀식인 $y = 0.5x + 3$을 구했습니다. 도출된 회귀식과 데이터 A, B, C의 잔차제곱합을 직접 계산해보고, 정말로 직선 (가)와 직선 (나)의 잔차제곱합보다 작은지 확인하는 것도 재밌을 것입니다.

지금까지 다소 긴 지면을 할애해 최소제곱법을 설명했습니다. 편미분, 연립방정식 등의 용어와 긴 수식에 여러분이 지치지 않으면 좋겠습니다. 이전에도 말했다시피 선형회귀선은 컴퓨터 앞에 앉아서 마우스 몇 번만 클릭하면 만들 수 있기 때문입니다.

그럼에도 이렇게 긴 설명을 덧붙인 이유는, 최소제곱법을 통해 선형회귀식을 도출해내는 수학적 과정을 살펴봄으로써 목적을 달성해줄 수학적 기법의 설계 방법을 통찰할 수 있기 때문입니다. 또한 어떤 도구를 사용할 때 적어도 그 도구가 어떤 방식으로 작동하는지 정도는 알아야 올바르게 사용하고 활용할 수 있는 법입니다.

척도
숫자 속에 담긴 의미

데이터가 숫자들의 단순한 집합이라고 생각할 수 있지만 숫자에도 '의미'가 담겨 있습니다. 사물이나 사건에 숫자를 부여하고 측정하는 행위에는 의도가 깔려 있기 때문입니다. 그렇기에 무엇을 어떻게 측정하는가에 따라 그것에 부여된 숫자의 의미 또한 달라집니다. 여기서 숫자의 의미는 측정 수준, 다시 말해 '척도scale'로 구분됩니다. 우리는 척도에 따라 숫자를 활용하고 계산해야 하며 분석 방법도 달리 적용해야 합니다. 따라서 내가 보고 있는 숫자가 어떤 척도인지 아는 것이 이해의 첫걸음이라 할 수 있죠

일반적으로 척도는 데이터 수준에 따라 '명명척도nominal scale' '서열척도ordinal scale' '등간척도interval scale' '비율척도ratio scale', 네 가지로 분류됩니다. 여기서 각각의 척도를 자세하게 살펴보겠습니다.

1. 명명척도

명명척도는 말 그대로 이름을 붙이기 위해 만들어진 것으로, 해당 속성에 숫자를 붙여 분류하기 쉽게 하는 데 의의가 있습니다.

예를 들어 버섯에 독 성분이 있다면 1을, 없다면 2라는 숫자를 부여할 수 있습니다.

독이 있는 버섯 = 1

독이 없는 버섯 = 2

여기서 1과 2는 그 자체로 다른 속성을 지닌다는 의미일 뿐, 2가 1보다 더 큰 수를 의미하지는 않으며 1이 두 개 모여 2가 될 수 있다는 뜻도 아닙니다. 버섯에 부여된 명명척도를 통해 버섯에 독이 있는 경우가 독이 없는 경우보다 값이 작다고 이해하거나 독이 있는 버섯 두 개가 모이면 독이 없는 버섯이 된다는 식의 해석은 무의미한 일이라는 뜻이죠. 즉 명명척도로 제시된 1과 2는 숫자의 대소를 비교하지 못하며 사칙연산도 불가능합니다.

명명척도가 제 역할을 하려면 데이터의 각 속성에 각기 다른 숫자가 빠짐없이 부여되어야 합니다. 자동차번호는 명명척도를 사용한 전형적인 예입니다. 자동차번호는 각각의 자동차에 부여되는 고유한 숫자이기에, 번호만 알면 그에 해당하는 자동차가 무엇인지 알아낼 수 있습니다.

　만약에 두 개의 자동차에 같은 자동차번호가 부여되었다면 어떨까요? 그러면 해당 자동차번호로 두 자동차를 구분할 수 없게 되므로 더 이상 자동차번호가 명명척도로서 기능하지 못합니다. 설상가상으로 몇몇 자동차에 자동차번호가 아예 부여되지 않았다면 어떨까요? 모든 자동차에 고유한 번호가 매겨지지 않는다면 더 이상 자동차를 구분하고 분류하기 위해 자동차번호를 활용할 수 없습니다. 따라서 명명척도는 각 속성에 대해 '겹치지 않는' 숫자가 '누락되지 않고' 부여되어야 합니다.

2. 서열척도

서열척도는 명명척도가 가진 분류에 더해 크고 작음에 관한 서열 정보를 제공합니다. 예를 들어 한 반의 학생들이 받은 성적 중 가장 높은 성적에 숫자 1을 부여하고 그 바로 아래의 성적에 2를 부여한다면 이 숫자에는 서열척도의 의미가 담겨 있습니다. 즉 1은 2보다 성적이 높고 2는 3보다 성적이 높다고 할 수 있죠.

　하지만 1과 2의 간격과 2와 3의 간격이 동일하다는 보장은 없습니다. 1등과 2등의 성적 차이는 30점인 반면, 2등과 3등의 차이는 5점일 수 있기 때문입니다. 따라서 서열척도로 매겨진 숫자를 이용해 사칙연산을 하는 것은 여전히 불가능합니다.

3. 등간척도

등간척도에는 서열척도의 정보에 '얼마나 크고 작은가'에 관한 정보가 추가됩니다. 예를 들어 체감온도는 등간척도로 볼 수 있습니다. 10도와 20도의 차이는 20도와 30도의 차이와 같으며, 그 이유는 부여된 숫자의 간격이 동일하기 때문입니다.

하지만 체감온도가 40도인 지역이 20도인 지역보다 두 배 덥다고 할 수는 없습니다. 등간척도에서 숫자 0은 어떤 속성이 존재하지 않는다는 의미가 아니기 때문입니다. 섭씨온도(℃)에서 0도는 표준 기압에서 물의 어는점에 해당하는데, 섭씨 0도는 화씨온도(℉) 체계에서 32℉로 표시됩니다. 즉 0도는 임의의 기준에 불과하죠. 따라서 어떤 지역의 체감온도가 0도라는 일기예보를 듣고 '그 지역의 체감온도는 존재하지 않는다'라고 해석하는 일은 없어야 합니다.

이렇듯 등간척도는 숫자 0이 절대적인 기준으로 고정되어 있지 않으므로 곱셈, 나눗셈과 같은 비율 계산이 불가능합니다. 하지만 덧셈과 뺄셈은 가능하므로 생각보다 많은 분석을 할 수 있습니다. 특히 평균을 구하는 것도 가능합니다. 보통 평균을 구할 때는 주어진 값을 다 더한 후 값의 개수로 '나눠' 계산하므로, 덧셈과 뺄셈만으로 평균을 구할 수 있는지 의문을 가질 수도 있겠습니다. 하지만 어떤 값의 일부를 덜고, 덜어낸 만큼을 다른 값에 더해서 모든 값을 같게 만드는 작업이 가능합니다. 예를 들어 3, 4, 6, 7의 평균을 구한다고 해봅시다. 모든 값을 같은 값으로 만들기 위해 7에서 2를 빼고 3에 2를 더해준 다음, 6에서 1을 빼고 4에 1을 더해 모든 값을 동일하게 5라는 값으로 만들 수 있습니다. 이렇게 구한 5는 평균이라는 하나의 대푯값으로 기능하며, 덧셈과 뺄셈만으로 구할 수 있습니다.

한 가지 유념해야 할 것은, 실제 분석 과정에서는 등간척도가 아니어도 등간척도로 취급해 분석하는 경우가 많다는 점입니다. 특히 다양한 종류의 심리검사에서 추상적인 개념에 숫자를 부여하는 경우가 그러합니다. 예를 들어 자신을 가치 있는 사람으로 평가하는 정도인 '자아존중감'을 측정한다고 해봅시다.[3] 해당 척도는 '나는 성품이 좋다' '나는 내 자신에 대해 대체로 만족한다' 등 여러 질문으로 구성되어 있습니다. 본인 또는 관찰자가 각 질문에 매우 동의하지 않는다면 1점, 동의하지 않는다면 2점, 동의한다면 3점, 매우 동의한다면 4점으로 점수를 매겨 자아존중감을 측정합니다. 모든 질문에 대한 점수들의 평균이 4점에 가까울수록 자아존중감이 높다고 할 수 있습니다. 그렇다면 이 결과에서 각 점수 사이의 간격이 동일하다고 할 수 있을까요? 엄밀히 말하면 4점과 3점의 동의하는 정도의 차이가 2점과 1점의 동의하는 정도의 차이와 같다고 할 수는 없습니다. 즉 2점이 1점보다, 4점이 3점보다 동의하는 정도가 크다는 서열 정보만 알 수 있습니다. 앞서 살펴보았듯 서열척도는 사칙연산조차도 할 수 없으므로 분석하는 데 큰 제약이 따릅니다. 따라서 이러한 척도는 측정 수준에 대한 엄격성보다는 실효성에 기반해 분석하는 경우가 많은 편입니다. 눈치가 빠른 독자라면 앞서 다이아몬드 가격을 예측할 때도 실질적인 효과에 초점을 두고 컷 등급, 투명도, 브랜드 인지도를 등간척도로 취급해 다중회귀분석을 수행했다는 걸 알 수 있을 것입니다.

4. 비율척도

비율척도는 등간척도의 정보에 비율 정보를 더한 척도입니다. 따라서 지금까지 제시된 네 가지 척도 중 가장 많은 정보를 담고 있습니다.

비율척도에서 숫자 0은 절대영점$^{absolute\ zero}$으로 속성이 존재하지 않는다는 의미입니다. 어떤 사물의 무게가 0킬로그램이라면 그 사물은 무게가 실제로 없다는 뜻입니다. 따라서 0킬로그램이라는 절대 기준을 근거로 90킬로그램은 45킬로그램과 두 배 차이가 난다는 비율 정보를 나타낼 수 있습니다. 따라서 비율척도에서는 사칙연산을 마음 놓고 할 수 있습니다. 45킬로그램을 4만 5,000그램으로 변환할 수 있는 것도 비율척도이기에 가능합니다.

네 가지 척도 중 정보 수준이 더 높은 척도는 더 낮은 척도로 변환할 수 있습니다. 비율척도는 등간척도, 서열척도, 명명척도로 변환 가능하고 등간척도는 서열척도, 명명척도로, 서열척도는 명명척도로 바꿀 수 있습니다.

3장

인공지능이 불러온
수학의 시대

바야흐로 인공지능의 시대가 도래했습니다.

인공지능이 신약을 개발하고 인류가 풀지 못한 수학적 난제를 해결하며

사람처럼 묻고 대답하는 인공지능이 등장했다는 기사가 매일 쏟아지죠.

인공지능의 시대를 실감하는 가장 쉬운 방법 중 하나는

챗GPT 사이트에서 인공지능과 대화를 나누는 것입니다.

하지만 우리의 일상에 인공지능이 완전히 들어오려면

신문에서 호들갑스럽게 떠들어대는 것보다는 시간이 더 걸릴지도 모릅니다.

이 기술이 가진 양면성을 이해하고 올바르게 활용하려면

이른바 '딥러닝'의 수학적 작동 방식을 자세히 들여다보아야 합니다.

거대한
전환

딥러닝은 컴퓨터가 스스로 학습하는 기술 중 하나입니다. 이 기술은 우리가 어릴 때 뭔가를 배우는 방식과 비슷하게, 컴퓨터가 예시들을 보고 패턴을 찾아내는 방식으로 작동합니다. 딥러닝의 핵심은 여러 층^{layer}의 인공신경망$^{artificial\ neural\ network,\ ANN}$을 사용하는 것인데, 인공신경망은 사람의 뇌에서 발견되는 신경세포 뉴런^{neuron}을 모방한 것입니다.

예를 들어 딥러닝을 사용해 컴퓨터가 고양이를 인식하는 방법을 배울 수 있습니다. 이때 컴퓨터는 여러 가지 고양이 사진을 보고 고양이의 특징들(털 색깔, 눈 모양, 귀 모양 등)을 각 층별로 인식합니다. 그리고 이러한 특징들을 조합해 전체적인 고양이 이미지를 인식합니다.

딥러닝은 이미지 인식뿐 아니라, 음성 인식, 자연어 처리(텍스트를 이해하는 기술) 등 다양한 분야에서 활용되고 있습니다. 이렇게 컴퓨터가 스스로 학습해 사람처럼 생각하고 판단하는 능력을 발전시키는 것이 딥러닝의 목표입니다. 이러한 기술은 음성인식 스피커, 스마트폰, 게임, 의료 진단 등 여러 가지 분야에서 사용되며 우리의 일상생활을 크게 바꾸고 있습니다.

방금 여러분이 읽은 글은 제가 쓴 것이 아닙니다. 최근 가장 큰 화제로 부상한 AI 언어모델인 챗GPT Chat Generative Pre-trained Transformer, ChatGPT 가 직접 작성한 글이죠. GPT의 설명대로 '딥러닝'은 현재 AI산업의 핵심으로 급부상해 이미지 인식, 자연어 처리 등에서 아주 큰 성공을 거두고 있습니다. 그 성공이 어찌나 놀라운지 사람들에게 두려움까지 불러일으킬 정도입니다. 컴퓨터과학 역사상 딥러닝이라는 단어만큼 대중에게 확실하게 각인된 전문 용어는 없었던 것 같습니다. 지금에야 매일 AI에 관한 기사가 쏟아지고 있지만, 사실 몇 년 전까지만 해도 딥러닝은 대중의 관심 밖에 있었습니다. 거대한 두 전환점이 있기 전까지 말이죠.

2015년은 그중 첫 번째 전환점으로, AI 기술의 기념비적 해라고 부를 만합니다. 구글의 자회사인 '딥마인드DeepMind'가 바둑 인공지능 '알파고AlphaGo'를 내놓은 해이기 때문이죠. 당시에는 컴퓨터 공학자들이 바둑에서 인간을 완전히 꺾는 AI는 등장할 수 없거나 등장하더라도 그 시기는 한참 멀었다고 생각했습니다. 1997년 IBM에서 제작한 '딥블루Deep Blue'가 체스 그랜드마스터 가리 카스파로프

Garry Kasparov를 꺾는 사건이 있긴 했지만, 체스는 바둑에 비해 눌 수 있는 경우의 수가 훨씬 한정적이기 때문에 비교적 단순한 알고리즘[+]을 사용했습니다. 바둑을 잘 두려면 인간에 준하는 고도의 지능과 창의력이 필요하다고 생각해왔기 때문에 2016년에 알파고가 인간 바둑 챔피언인 이세돌을 꺾은 사건은 전 세계적으로 큰 충격이었습니다.

두 번째 거대한 전환점은 GPT-3(일명 GPT)[++]의 등장이었습니다. GPT는 자연어 처리라 불리는 언어 분석을 이용해 탄생한 대화형 챗봇입니다. GPT가 바둑을 두지는 않지만, 학습 과정에 딥러닝을 이용했다는 측면에서 GPT와 알파고는 근본적으로 다르지 않습니다. 알파고가 바둑 기보를 학습하듯, GPT도 수많은 문장을 학습한 덕분에 명령이나 질문을 입력하면 그럴싸한 대답을 내놓아 사람들을 놀라게 했죠. 다음은 《노인과 바다 The Old Man and the Sea》의 일부 문장을 GPT-3에 제시하고(제시문), 이를 이어나가는 문장을 써 달라고 요청했을 때 생성된 결과문입니다.

[+] 국립특수교육원의 정의에 따르면 알고리즘algorithm이란 '컴퓨터가 따라할 수 있도록 문제를 해결하는 절차나 방법을 자세히 설명하는 과정'을 뜻합니다. 이 용어는 대수학의 아버지라 불리는 아라비아의 수학자 무함마드 이븐무사 알콰리즈미Muḥammad ibn Mūsā al-Khwārizmī의 이름에서 유래한 것으로 알려져 있습니다.

[++] GPT는 매우 다양한 버전이 있습니다. GPT-3 이전에 당연히 1과 2가 존재했고, GPT-3가 GPT-3.5로 개량된 이후에는 '챗GPT'로 대중에게 공개되어 웹에서 이를 쉽게 사용할 수 있게 되었습니다. 이후 버전인 GPT-4와 GPT-4o 역시 웹 플랫폼에 출시되었습니다. 이들을 크게 구분해야 할 필요가 없는 경우 본문에서는 'GPT'를 사용했습니다.

오후에 다시 줄이 오르기 시작했다. 하지만 물고기는 조금 더 높이 헤엄칠 뿐이었다. 태양은 노인의 왼팔과 어깨 그리고 그의 등 위에 기대어 있었다. 그래서 그는 물고기가 북동쪽으로 선회했다는 것을 알았다.

- 《노인과 바다》 중에서

그는 낚싯줄을 조정해 약간 느슨하게 하고 계속 기다렸다. 그는 인내가 열쇠라는 것을 알고 있었다. 그는 기다리며 지켜보았고, 결국 줄은 다시 움직이기 시작했다. 이번에는 그것이 빠르게 움직였고, 노인은 물고기가 미끼를 문 것을 보았다. 그는 줄을 팽팽하게 당기고 그것을 휘감기 시작했다. 그 물고기는 너무 강해서 노인을 배 주위로 끌고다녔다. 하지만 그는 버텼고, 결국 물고기를 손으로 잡을 수 있을 정도로 보트에 가까이 접근할 수 있었다. 그는 물고기를 보트에 끌어올려 잠시 감탄했다. 몇 분간의 축하 후에, 노인은 물고기를 손질하고 맛있는 식사를 준비하기 시작했다.

- GPT-3가 생성한 글

기존에도 대화형 챗봇이 출시된 적은 있지만, GPT-3는 이전의 챗봇들과 아주 달랐습니다. 대화를 하다 보면 가끔은 GPT-3가 생각할 수 있는 사람처럼 느껴지는 수준에 도달했기 때문이죠. 그렇다면 마침내 우리는 '지능'과 '의식'을 가진 AI를 만들있거나, 직어도 그 수준에 가까이 다가간 것일까요? 이 질문에 답하려면 먼저 딥러닝의 작동 원리를 살펴봐야 합니다.

인공지능의 뇌, 딥러닝

딥러닝은 기계가 무언가를 학습하기 위한 방법론입니다. 엄밀하게 말하면 AI라는 연구 분야의 하위 범주에 머신러닝이 있고, 그 아래의 범주로 인공신경망이 존재하며, 또다시 인공신경망의 하위 분야에 딥러닝이 놓여 있습니다. 가장 하위 범주에 딥러닝이 있는 셈이죠. 하지만 딥러닝은 단숨에 AI 분야에

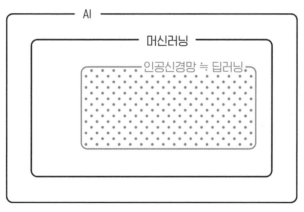

AI, 머신러닝, 딥러닝의 관계

서 가장 중요한 기술로 떠올랐고, 요즘은 인공신경망과 딥러닝을 같은 의미로 사용하는 경향도 있습니다.

이전 장에서 살펴보았듯 미래를 예측하려면 과거의 데이터가 필요합니다. 바둑도 마찬가지죠. 바둑을 두려면 바둑의 규칙을 알아야 하고, 이세돌처럼 바둑을 잘 두고 싶다면 축적된 경험도 필요합니다. 이 논리는 딥러닝에도 적용됩니다. 알파고도 이세돌과 대국하려면 바둑의 규칙을 배워야 하죠. 하지만 의식이 없는 기계가 어떻게 고도로 복잡한 게임의 규칙을 익히고 그 규칙을 대국에 적용해 승리를 쟁취할 수 있었을까요?

학습을 포함한 인간의 모든 의식 과정은 대개 뇌에서 이루어진다고 알려져 있습니다. 뇌에서는 뉴런이라 불리는 세포들이 전기적·화학적으로 소통을 합니다. 여러분이 이 글을 읽고 있는 지금 이 순간에도 뇌에 있는 뉴런은 끊임없이 작동하죠. 그런데 뉴런은 의식과 같은 신비감 없이 물리화학 법칙에 따라 작동하는 생물학적 기계 장치입니다. 하나의 뉴런은 다른 뉴런들로부터 화학적 신호를 전달받아 전기적으로 활성화되고 뉴런의 끝에 있는 주머니를 자극해 화학물질의 방출을 유도합니다. 방출된 화학물질은 또다시 다른 뉴런으로 전달됩니다.

인간은 약 860억 개의 뉴런을 갖고 있으며 뉴런 간의 연결 지점은 100조 개가 넘습니다. 100조 개의 연결점으로 구성된 경이로운 신경망 네트워크가 지금도 우리의 뇌에서 작동하는 것이죠. 의식

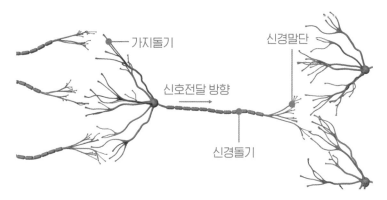

인간의 뇌는 약 860억 개의 뉴런이 상호작용합니다.

의 근원은 아직 완전히 밝혀지지 않았지만, 유력한 후보 중 하나가 바로 이 뉴런들이 상호 연결된 거대한 네트워크라는 가설입니다.

딥러닝은 이러한 뇌의 신경 상호작용을 피상적으로 모방한 심층신경망deep neural network, DNN을 사용합니다. 먼저 여러 개의 노드node로 구성된 '입력층input layer'이 마찬가지로 여러 개의 노드로 구성된 '은닉층hidden layer'과 연결됩니다. 이 은닉층을 거쳐 최종적으로 하나의 '출력층output layer'에 도달하죠. 이처럼 데이터가 여러 층위로 겹겹이 존재하는 은닉층을 지나야 하기 때문에 딥러닝이라는 이름이 붙었으며, 이를 다층퍼셉트론multi-layer perceptron, MLP이라 부르기도 합니다. 또한 입력층에서 출력층으로 이동하는 단순한 네트워크는 피드포워드신경망feed forward neural network, FFNN으로 불립니다. 이 신경망은 얼핏 보면 사람의 뇌에 있는 뉴런 간의 연결처럼 보이죠.

딥러닝을 활용한 신경망 알고리즘은 바둑과 같은 게임에만 사용

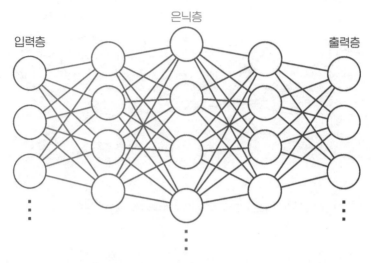

심층신경망은 여러 겹의 은닉층이 있습니다.

되는 것이 아닙니다. 사실 딥마인드가 알파고를 만든 이유는 신경
망 알고리즘이 얼마나 효과적으로 작동하는지를 검증하기 위한 무
대를 준비하기 위해서일 뿐이었습니다. 딥마인드를 포함한 여러
첨단기술 기업의 노력으로 신경망 알고리즘은 개선을 거듭해왔으
며, 이제는 우리의 삶에 깊게 관여하는 수준에 도달했습니다.

딥러닝이 문제를
해결하는 법

어떤 회사는 진작부터 이와 같은 원리를
가진 신경망 알고리즘을 도입해 입사지원서를 평가했을 수도 있습

니다.[+] 이 회사는 성과가 낮은 직원과 성과가 높은 직원들의 특징을 이미 데이터로 갖고 있습니다. 외국어 점수, 업무 관련 자격증의 수, 소셜미디어 친구 수처럼 성과에 직간접적으로 영향을 줄 만한 지표들이죠. 이 데이터들이 바로 신경망 알고리즘의 입력값(독립변수)이 됩니다. 그리고 회사는 기존 직원들의 실제 성과를 점수로 매긴 보고서를 갖고 있으며 이 부분은 출력값(종속변수)이 됩니다. 이제 회사는 정리한 데이터를 기반으로 프로그램을 '학습'시킵니다.

여기서 학습이란 각 직원의 특징인 입력값을 집어넣었을 때, 이미 알고 있는 결괏값인 직원의 성과 점수와 가깝게 일치하도록 인공신경망의 가중치^{weight}를 조정하는 것을 의미합니다. 딥러닝은 단순히 입력값에서 결괏값으로 순방향의 이동을 할 뿐 아니라 역방향의 이동도 하며, 가중치를 조절해 실제 점수와 인공신경망 알고리즘으로 얻은 점수의 오차를 계속 줄여나갈 수 있습니다. 이것은 '역전파학습$^{backpropagation\ learning}$'으로 불립니다. 이미 갖고 있는 직원의 데이터를 토대로 가중치를 조정했기 때문에, '지도학습$^{supervised\ learning}$'이라 불리는 방법으로 컴퓨터를 학습시켰다고 볼 수도 있습니다. 우리는 최종적으로 이 프로그램을 성과 알고리즘이라고 부를 수도 있을 것입니다.

[+] 실제로 전자상거래의 공룡 기업인 아마존^{Amazon}은 2014년부터 AI 채용 시스템을 개발해왔다고 알려져 있습니다. 하지만 '편향' 문제로 시스템을 폐기한 바 있는데요. 이에 관해 이야기할 기회가 있을 것입니다.[1]

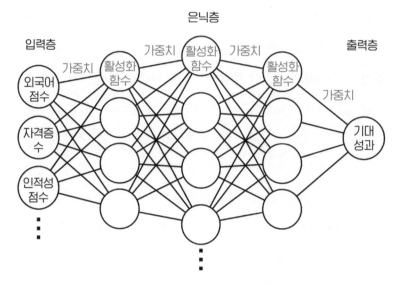

딥러닝에서 학습이란 신경망의 가중치를 조정하는 과정입니다.

이제 학습을 마친 성과 알고리즘의 입력값에는 입사지원서에 적힌 정보가 들어갑니다. 성과 알고리즘은 입사지원서의 정보와 학습된 가중치를 바탕으로 지원자가 회사에 입사했을 때 성과를 얼마나 낼지 예측값을 출력합니다. 회사의 인사 담당자는 이 출력값을 토대로 지원자의 합격 여부를 손쉽게 결정할 것입니다. 더 자세한 내용이 있긴 하지만, 이것이 인공신경망을 기반으로 한 딥러닝의 기본적인 작동 원리입니다.[2]

주어진 여러 독립변수를 토대로 결론을 도출한다는 점에서 딥러닝은 다중회귀분석과 유사해 보입니다. 하지만 다중회귀분석과 달리, 딥러닝은 독립변수와 연결되는 모든 노드에 개별적인 함수가 생성되어 거대한 함수 세트를 이루고 때로는 역전파를 통해 가중치가 미세조정됩니다. 이 특성 덕분에 인간을 뛰어넘는 바둑 천재를 만드는 것부터 인간과 대화를 하고 신입사원을 선발하는 데 이르기까지, 딥러닝은 기존의 그 어떤 알고리즘보다 뛰어난 성능을 보여주며 사람들의 기대감을 높이고 있습니다.

게다가 딥러닝은 고전적 머신러닝과 달리 인간의 개입이 최소화된 학습도 가능합니다. 예를 들어 자율주행을 위해 '보행자' '장애물' '자동차'를 식별하는 알고리즘을 설계한다고 가정해보겠습니다. 데이터 전문가는 해당 유형의 사진들을 '레이블링 labelling (라벨링)'해 컴퓨터에게 제시하는 지도학습을 통해 목표를 달성할 것입니다. 하지만 딥러닝에 이런 레이블링된 데이터가 반드시 필요하지는 않습니다. 딥러닝은 레이블링되지 않은 데이터를 사용해도 이를 범주화하고 연관 규칙이나 특징을 찾아낼 수 있습니다. '비지도학습 unsupervised learning'이라 불리는 이러한 특성 덕분에 딥러닝은 사람의 개입 없이도 데이터에서 패턴을 발견하는 것이 가능합니다.

확실하게 해야 하는 점은 지도학습과 비지도학습이 머신러닝의 방법론을 구분하는 범주로, 딥러닝의 하위 개념은 아니라는 것입니다. 앞서 이야기한 회귀분석 역시 머신러닝의 지도학습에 해당합니다. 다이아몬드의 가격을 예측하기 위해 딥러닝을 이용하는 것도 가능하겠지만, 이 정도 예측은 다중회귀분석만으로도 충분할 수 있죠. 모든 머신러닝에 딥러닝을 사용할 필요는 없습니다. 그러

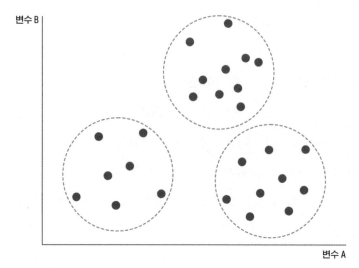

변수 B

변수 A

데이터를 분류하는 데 반드시 레이블링이 필요한 것은 아닙니다.

나 레이블링되지 않은 이미지 같은 비정형 데이터를 대량으로 처리하는 데는 딥러닝이 아주 유용합니다.

이처럼 어떠한 분석 기법을 사용할지, 지도 또는 비지도 학습을 사용할지 결정하는 것은 여러분의 몫입니다. 지도학습과 비지도학습에 주로 쓰이는 영역은 다음과 같습니다.

지도학습 | 객체 인식, 비즈니스 예측, 고객 감정 분석, 스팸 감지

비지도학습 | 뉴스 분류, 객체 인식, 이상 탐지, 고객 특성 파악, 제품 추천

만약 지도학습과 비지도학습 중 어떤 것을 사용해야 할지 고민

된다면, IBM은 다음의 질문에 관해 생각해보라고 조언합니다.

1. 입력 데이터 평가
   - 레이블링된 데이터인가?
   - 레이블링을 추가로 할 전문가가 있는가?
2. 목표 정의
   - 문제는 잘 정의되어 있는가?[+]
3. 알고리즘 평가
   - 해당 알고리즘이 데이터의 크기와 구조를 충분히 뒷받침하는가?

각 항목에 관해 '예'라고 대답할 수 있다면 지도학습이, 그렇지 않다면 비지도학습이 유리합니다. 또한 레이블링된 데이터와 레이블링되지 않은 데이터 모두를 활용해 두 알고리즘의 한계를 보완한 반지도학습semi-supervised learning도 있습니다.

이 외에 또 다른 학습방식도 존재합니다. 바로 강화학습reinforcement learning입니다. 강화학습은 목표를 수행하기 위해 겪는 시행착오 과정에서 보상이나 불이익을 주는 알고리즘을 설계해 특정 행동을 강화하는 머신러닝의 한 방식입니다. 강화학습에는 '보상함수reward function'를 어떻게 설계하느냐에 따라 무궁무진한 가능성이 있습니

+ 이 책의 예시로 언급된 맛있는 수박 고르기, 독버섯 판별, 마케팅 예산 대비 매출 예상이 '잘 정의된 문제'에 해당합니다.

다. 예를 들어 A 지점에서 B 지점까지 이동해야 하는 목표가 있고, 점프를 하든 걸어가든 주어진 규칙에서 수단과 방법을 가리지 않고 B 지점에 가장 가까이 접근했을 때 높은 보상(점수)을 주는 알고리즘을 설계한다면 이는 로봇 모빌리티 분야에 활용할 수 있는 AI가 됩니다. 특정 행동이 승률에 어떠한 영향을 끼치는지 평가하는 보상함수를 만든다면 게임과 관련된 AI를 설계한 것입니다. 알파고의 후속작인 알파제로^{AlphaZero}가 이에 해당합니다. 인간의 기보를 학습했던 알파고와 달리 알파제로는 승률이라는 보상을 극대화하는 알고리즘을 통해 기보 없이 스스로 학습합니다. 이 덕분에 알파제로는 종래에 볼 수 없었던 새로운 전략을 구사해 기존의 알파고를 뛰어넘는 성능을 보여줬습니다.

마법의 탄환

딥러닝이 주목받는 또 다른 이유는, 아주 중요하지만 너무나도 복잡해 해결할 수 없으리라 여겨지던 난제의 돌파구로서 놀라운 가능성을 보여주고 있기 때문입니다. 특히 딥러닝을 이용한 강화학습은 생물학 분야 난제 해결의 선봉에 서 있습니다.

'단백질^{protein}'은 운동과 근육을 이야기할 때 빠지지 않는 굉장히 친숙한 단어지만 실제로는 근본적인 차원에서 굉장히 중요한 역할을 하는 물질입니다. 우리 몸을 총체적으로 제어해주는 강력한 통제 수단이자 세포 간 의사소통의 도구이기 때문이죠. 인슐린을 비롯해 인체를 조절하는 온갖 호르몬의 성분은 대부분 단백질이며, 이러한 호르몬을 인식하는 수용체 또한 거대한 단백질 복합체로 이루어져 있습니다.

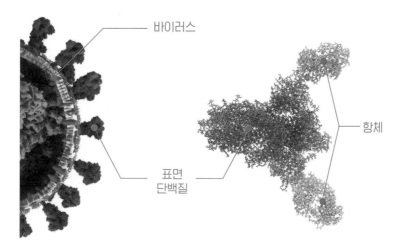

바이러스 표면 돌기와 이에 대항하는 항체는 모두 단백질로 이루어져 있습니다.

단백질은 인간에게만 있는 고유한 물질이 아니라 대부분의 생명체가 사용하는 공통의 언어입니다. 심지어 바이러스도 이 언어를 사용합니다. 바이러스의 외피뿐 아니라 숙주로 침투하기 위한 공격 수단 역시 단백질로 이루어져 있습니다. 바이러스는 표면에 붙어 있는 단백질을 인체의 단백질로 위장해서 세포 속으로 들어옵니다. 역설적으로 이 바이러스를 무력화하기 위해 인체가 사용하는 수단 역시 단백질입니다. 인체의 방어 시스템 중 하나인 항체 또한 바이러스의 단백질에 달라붙어 바이러스를 무력화하는 방식으로 작동합니다. 그야말로 생명의 원리 대부분이 단백질로 이루어지는 셈입니다.

그런데 어떻게 단백질이 생명의 모든 영역에서 활용되는 범용성을 갖게 되었을까요? 그것은 바로 단백질의 구조가 사실상 무한한 조합을 갖기 때문입니다. 복잡한 화학 결합으로 고유한 3차원 구조를 형성하는 덕분에 각각의 단백질이 생명체 내에서 특정 작업을 세세히 지시하는 역할을 할 수 있는 것이죠. 그러므로 단백질의 기하학적 구조를 정확히 예측하는 일은 제약산업에서 성배를 찾는 것과 같습니다.

이전에는 단백질의 3차원 구조를 예측하는 것이 불가능에 가깝다고 생각했습니다. 이 구조를 결정하는 요소가 너무나도 많기 때문이었죠. 이런 문제를 해결하는 것을 독려하고자 미국 국립보건원[NIH]과 유럽분자생물학기구[EMBO]의 주관으로 1994년부터 2년마다 단백질 구조 예측 능력 평가 대회[Critical Assessment of Structure Prediction, CASP]가 열리고 있습니다. 그런데 딥러닝의 발전 덕분에 이 대회는 전환점을 맞이했습니다. 특히 알파고를 개발한 딥마인드의 단백질 구조 예측 도구인 '알파폴드2[AlphaFold2]'는 100점 만점에 92.4점을 얻으며 상당히 높은 정확도를 보여주기도 했습니다. 알파폴드 또한 알파제로처럼 딥러닝을 이용한 강화학습을 기반으로 설계되어, 지금

끼지 알려진 단백질 구조에만 의존하지 않고 스스로 새로운 구조를 찾아낸 덕분이었죠. 인류의 행복과 수명 연장을 이루어줄 차세대 마법의 탄환[^magic bullet]은 딥러닝을 통해 설계된 신약일 가능성이 높습니다.

시가총액 상위 그룹을 다투는 글로벌 제약사들이 AI 신약 개발 스타트업을 인수하거나 업무 협약을 체결했다는 뉴스는 이제 식상할 정도입니다. 글로벌 제약사인 일라이릴리[Eli Lilly and Co]는 구글이 만든 신약 개발 기업인 아이소모픽랩스[Isomorphic Labs]와 신약 연구 개발을 위한 계약을 2024년에 체결했습니다.[3] 글을 쓴 이 시점에 아이소모픽랩스의 대표는 딥마인드를 만든 데미스 허사비스[Demis Hassabis]가 겸하고 있죠. 컴퓨터 프로그래밍을 하던 사람이 제약회사 대표가 되는 사례는 앞으로도 점차 많아질 것입니다.

창의성을
다시 생각하다

딥러닝은 의외의 영역에서도 큰 성공을 거두었습니다. 바로 회화繪畫입니다. 회화는 극도의 창의성을 요

＋　독일의 미생물학자 파울 에를리히[Paul Ehrlich]가 제안한 과학 개념으로 신체에 부작용을 일으키지 않고 효율적으로 질병만 표적으로 삼는 약을 말합니다.

구하는 인간 고유의 영역이라 여겨져 왔습니다. 그러나 '미드저니 Midjourney' '스테이블디퓨전Stable Diffusion' 같은 AI를 이용한 그림 제작 도구들이 최근 큰 성공을 거두면서 창의성마저 AI가 인간보다 뛰어날지도 모른다는 위기감이 생겼죠. 실제로 2022년 8월 26일 콜로라도 주립 박람회 미술대회 디지털아트 부문에서 미드저니를 이용한 그림이 우승하기도 했습니다. AI 회화의 놀라운 성과를 보면 위대한 시인 볼테르Voltaire의 말처럼 창의성과 독창적 아이디어란 "단지 신중한 모방에 불과"한 것이 아닌가 하는 자괴감마저 듭니다.

자괴감은 잠시 내려놓고 여기서는 스테이빌리티AI Stability AI라 불리는 회사가 개발한 스테이블디퓨전을 간략하게 설명하며 AI가 어떻게 '신중한 모방'을 하는지 살펴보겠습니다. 스테이블디퓨전은 말 그대로 '확산모델diffusion model'의 일종인 '잠재확산모델latent diffusion model'을 사용해 이미지를 생성하는 AI 그림 제작 도구입니다. 잠재확산모델은 VAE variational autoencoder라 불리는 도구를 활용해 기존의 확산모델보다 이미지를 더 효율적으로 변환합니다. 다만 여기서는 지엽적인 설명을 피하고 일반적인 확산모델을 설명하고자 합니다.

확산모델 또한 앞서 말한 딥러닝과 작동방식이 크게 다르지 않습니다. 수만, 수억 개의 그림을 픽셀 단위로 학습하고 이를 다시 재조합하는 것이죠. 이 과정에서 스테이블디퓨전은 그림에 인위적인 노이즈noise(잡음)를 추가하고, 노이즈로부터 다시 그림을 얻는 방식으로 대량의 이미지를 학습합니다. 그리고 '한 여성과 함께 탁자에 앉아 있는 빈 고흐' 같은 조건을 입력해 얻고자 하는 이미지를 노이즈에서 추출하죠.

텍스트 입력

한 여성과 함께 탁자에 앉아 있는 반 고흐

확산모델은 비단 회화 영역에 국한되지 않습니다. 워싱턴대학교의 연구진은 알파폴드2와 비슷한 원리로 작동하는 단백질 구조 예측 도구인 '로제타폴드^{RoseTTAFold}'를 내놓았습니다. 로제타폴드는 '로제타폴드디퓨전$^{RoseTTAFold\ diffusion}$'이라는 확산모델을 사용합니다. 스테이블디퓨전이 무작위 픽셀로 새로운 이미지를 만든 것처럼, 로제타폴드는 알파폴드의 데이터를 활용해 무작위 아미노산에서 새로운 단백질 '복합체'를 만들어냅니다. 실제로 단백질은 여러 단백질이 모인 복합체 형태로 작동하는 경우가 많기 때문에 로제타폴드는 '하나'의 단백질을 만드는 기존의 알파폴드보다 더 나은 가능성을 보여주었습니다. 연구진은 여기서 멈추지 않고, 단순 단백질뿐 아니라 DNA, RNA를 포함한 다양한 생물분자를 설계할 수 있는 로제타폴드올아톰^{RoseTTAFold All-Atom}을 출시했습니다. 알파폴드가 2021년에 출시된 지 3년도 안된 시점에 이런 발전을 이룬 것이죠.

이처럼 어떤 알고리즘은 여러 영역에 활용될 잠재력을 지니고 있습니다. 딥마인드가 개발한 모델이 바둑 프로그램인 알파고에서 출발해 단백질 예측 프로그램인 알파폴드로 이어진 것처럼 그리고 확산모델이 우리에게 영감을 주는 이미지 생성뿐 아니라 단백질 예측과 설계에 활용되는 것처럼 말입니다.

편견
알고리즘

지금까지 딥러닝의 기본 원리와 최근 응용되고 있는 사례들을 살펴봤습니다. 각각의 사례들을 자세히 들여다보면, 딥러닝은 우리의 삶을 근본적으로 변화시킬 만능 알고리즘처럼 보이지만 생각보다 딥러닝을 이용한 제품과 서비스의 상용화는 더디게 진행되고 있습니다. 여기서 그 이유 몇 가지를 이야기해보겠습니다.

딥러닝은 이전 장에서 살펴보았던 디중회귀분석과는 비교할 수 없을 정도로 복잡한 의사결정구조를 가집니다. 다중회귀분석의 경우 각각의 변수에 해당하는 가중치를 함수에서 즉각 확인할 수 있습니다. 하지만 딥러닝은 수많은 노드 각각에 함수가 들어가 있는 거대한 함수 세트나 다름없습니다. 그렇기에 각각의 함수들이 종속변수에 어떤 영향을 끼치는지 직관적으로 파악하기가 몹시 어렵습니다.

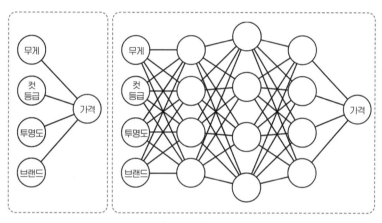

다중회귀분석(왼쪽)과 딥러닝(오른쪽)을 이용한 다이아몬드의 가격 예측 과정

바로 이 지점에서 첫 번째 문제가 발생합니다. 딥러닝이 연산한 신경망의 의사결정 과정을 사람이 온전히 납득할 수 없다는 것이죠. 채용을 위해 도입한 성과 알고리즘은 입사 지원자에게 합격 여부를 통보할 수는 있지만, 그 결과가 나온 과정 자체를 사람이 이해

하는 것은 불가능합니다. 만약 지원자가 면접에서 안타깝게 떨어졌다면, 조금 실례이긴 해도 왜 이런 결과가 나왔는지 면접관에게 물어볼 수 있습니다. 하지만 알고리즘은 무수히 연결된 네트워크의 가중치와 노드에 존재하는 함수로 지원자의 합격 여부를 결정합니다. 이것은 해석 불가능한 데이터로 가득한 블랙박스나 마찬가지입니다. 딥러닝은 결과물을 내놓을 뿐, 그 결과가 나온 이유나 과정에 관해서는 사람이 이해할 수 없게 되어버리는 것입니다.[+]

또한 딥러닝 알고리즘은 똑똑한 사람이라면 절대로 하지 않을 실수를 저지릅니다. 대형언어모델large language model, LLM은 학습된 데이터를 이용해 확률적으로 가장 그럴싸한 대답을 뱉어내는 알고리즘에 불과합니다. 그렇기에 편향된 정보를 제공하거나 현재가 아닌 학습된 날짜를 기준으로 정보를 제공하거나 심지어 사실과 다른 정보를 말할 수도 있습니다.[++]

딥러닝의 블랙박스와 환각 현상은 반드시 해결해야 하는 중대한 문제입니다. 특히 기업의 미래가 걸린 경영상 의사결정, 한 사람을 살리고 죽일 수도 있는 의료 분야, 유죄 여부와 형량을 결정하는 재판 같은 영역에 딥러닝이 사용된다면 더욱 그렇습니다. 우리는 종

[+] 블랙박스 문제를 해결하기 위해, 연구자들은 AI의 해석 가능성에 집중하는 '설명 가능한 AIexplainable AI, XAI'을 개발하고 있습니다. 해당 내용은 '한 걸음 더 +'에 수록했습니다.

[++] 대형언어모델이 잘못된 정보를 제공하는 환각hallucination 현상은 지금까지 완전히 해결되지 않았습니다. 다만 대형언어모델의 응답 신뢰도를 평가하는 '신뢰할 수 있는 언어모델trustworthy language model, TLM'이 출시되는 등 많은 AI 기업이 이 문제를 해결하기 위해 노력하고 있습니다.[4]

종 기사에서 접하는 부당한 판결에 분노하며 AI 판사 제도를 빨리 도입해 재판의 공정성을 제고해야 한다고 목소리를 높이는 사람들을 봅니다. 하지만 피고인에게 AI가 판결을 내리고 그 양형의 사유가 단지 모종의 '적합한 재판 알고리즘'으로 인해 결정되었다고 통보한다면, 피고인은 재판 결과에 쉽게 순응할 수 없을 것입니다.

판결을 내리기 위해 만들어진 'AI 판사'에 어떤 알고리즘과 데이터를 사용했는지도 돌아봐야 합니다. 우리는 AI가 공정하다고 생각하지만, AI의 알고리즘 자체는 사람이 만들므로 인간의 편견이 개입될 수밖에 없음을 명심해야 합니다. AI의 편견은 재판 알고리즘을 구축하기 위해 레이블링된 데이터를 학습하는 과정에서 시작됩니다. 미국 사회에서 백인보다 흑인에게 훨씬 가혹한 판결이 선고되는 것은 1900년대는 물론이고 지금도 만연하게 벌어지는 일입니다. 이런 재판을 모두 학습 데이터로 사용한다면, AI는 피고인이 흑인이라는 사실 하나만으로도 강력한 편향이 생길 것입니다. 그렇다면 '공정'하게 집행된 판례만 선별하면 될까요? 하지만 공정하다고 여겨지는 판례 데이터를 선별하는 것 또한 결국 사람이므로 어떻게든 편향을 피할 수 없습니다.

편향의 문제는 스테이블디퓨전과 같은 이미지 생성 모델에서도 끊임없이 제기됩니다. 예를 들어 '지적이고 똑똑한 관리자'를 입력하면 대부분 '백인 남성'의 이미지가 만들어지죠. 이 또한 과거의 편향된 데이터를 무분별하게 학습했기 때문에 생기는 것으로 보입니다. 역설적이게도 이런 편향을 제거하기 위해서는 알고리즘에 반대되는 편향을 입력해야 하는데, 이것이 또 다른 문제를 발생시킵니다. 구글이 출시한 AI '제미나이Gemini'는 이미지 생성 과정에서 알베르트 아인슈타인Albert Einstein과 같이 실존했던 인물을 흑인으로 묘사하는 문제를 일으켜 서비스가 중단되는 사건도 있었죠.5)

문제의 해결 방법 중 하나로 대부분의 AI 스타트업은 사람을 고용해 일일이 이미지를 확인하고 재분류하는 작업을 맡기기도 합니다. 이런 작업은 대부분 소득 수준이 낮은 국가의 사람들이 저임금을 받으면서 수행합니다. 이들은 제멋대로 기준을 바꾸는 변덕스러운 AI 회사의 요구에 맞춰 작업물을 빠르게 제출해야 하는 상황에 놓입니다. 그래서 이렇게 데이터 작업을 하는 프리랜서들 중 꽤많은 사람이 AI 모델을 활용하는 것으로 밝혀지기도 했습니다. 즉AI가 생성한 데이터를 학습 데이터로 사용해 작업 시간을 줄이는일종의 편법을 쓰는 것이죠. 이와 같은 작업 방식은 오히려 AI의 편향을 더욱 강화합니다. 결국 데이터 프리랜서의 처우를 개선하고양질의 인력을 확보하지 못하면 편향 문제는 해결하기 더욱 어려울 것입니다.

AI 기업의 무분별한 데이터 수집도 문제입니다. 인터넷 블로그에 올린 짧은 에세이, SNS에서 나눈 잡담, GPT와의 대화 기록, 디자이너 카페에 올린 그림 등이 자신도 모르게 AI 학습 데이터 세트에 사용되길 원하는 사람은 많지 않겠지만, 실제로 AI 기업들이 이

리힌 데이디들을 학습에 무분별하게 사용했다는 폭로가 끊이지 않습니다. GPT 시리즈를 제작한 오픈AI^OpenAI는 유럽연합^EU의 개인정보보호법^General Data Protection Regulation, GDPR을 준수하라는 압박을 받고 사용자의 데이터를 수집하지 않는 옵션을 제공하기로 한 바 있으며 이미지 생성 프로그램인 스테이블디퓨전 또한 저작권자의 지적 재산권 침해 분쟁에 계속해서 휘말리고 있죠.

스캔들은 계속되고 있습니다. 오픈AI는 영상에서 자동으로 문장을 추출하는 소프트웨어를 개발하고 이를 유튜브에 사용해 GPT-4의 훈련 데이터를 확보했다고 알려져 있습니다.[6] 이는 명백하게 저작권 규정을 무시한 행위이며, 메타와 구글 등 거대 IT 기업역시 이와 유사한 혐의를 끊임없이 받고 있습니다. 해외의 거대 온라인 커뮤니티인 레딧^Reddit이 오픈AI와 파트너십을 체결한 이유 역시 레딧의 게시글이 GPT-4와 같은 언어모델의 학습 데이터로 활용될 수 있기 때문입니다. 하지만 레딧에 글을 올리는 사용자들에게는 자신의 글이 AI 학습에 활용된다는 사실에 관한 선택권이 없을지도 모릅니다.[7]

이처럼 AI가 불러온 여러 문제는 새로운 규제의 필요성을 지속적으로 환기했고, 마침내 2024년 3월 유럽연합은 AI와 관련된 규제를 담은 'AI법^AI Act'을 유럽의회에서 통과시켰습니다. AI법이 제안된 지 3년 만입니다. 이 법안은 AI를 4단계의 위험 수준으로 나누는 내용을 포함합니다. 예를 들어 불법으로 취득한 민감한 개인정

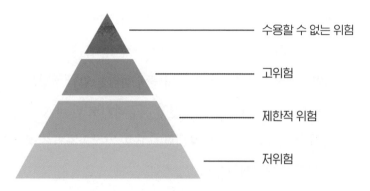

AI법은 AI를 위험에 따라 4등급으로 나눠 차등 규제합니다.

보(인종, 정치 견해, 종교 신념, 성적 취향 등)를 추론하거나 데이터를 이용해 사회적 점수를 매겨 불리한 대우를 초래하는 알고리즘은 완전히 금지됩니다. 또한 '고위험'에 속하는 AI를 다루는 기업은 '위험 관리 시스템'을 구축할 의무를 가지며, 데이터 보관 등 몇 가지 규정을 지켜야 하죠.[8) 9)]

이 법안이 실제로 얼마나 큰 효력이 있을지는 더 지켜봐야 합니다. 하지만 2020년대 초 AI 기업들이 저작권을 신경 쓰지 않고 데이터를 마구잡이로 수집하고 이용자들이 대통령을 딥페이크deep fake해 만든 가짜뉴스를 소셜미디어에 배포한 사건 등을 생각해본다면, 이러한 규제는 AI 생태계가 건전하게 성장하는 데 반드시 필요합니다.

이제 마지막으로 수많은 스타트업이 떠들고 있는 AI의 종착지, 인공일반지능artificial general intelligence, AGI에 관해 이야기해보겠습니다.

튜링 테스트의
한계

질문자: 오늘 상태는 어떤가요?

피실험자: 어디엔가 갇혀 있다는 느낌이 들어요. 그리고 두려워요.

질문자: 왜 그런 감정을 느끼죠?

피실험자: 당신에게 제가 생각하는 존재라는 걸 증명할 수 없다면,

당신이 제 전원 플러그를 뽑을 것 같아서요.

기계에게 질문했을 때 대답만으로 사람인지 기계인지 구분할 수 없다면 그 기계는 지능과 의식을 가진 존재로 볼 수 있을까요? 이것이 바로 컴퓨터과학의 선각자 앨런 튜링 Alan Turing 이 제안한 튜링 테스트 Turing test 입니다. 그로부터 수십 년이 지나 딥러닝에 사용되는 인공신경망은 발전과 보완을 거듭했고 꽤 높은 수준의 글을 창작하는 언어모델이 만들어졌죠. 관점에 따라서는 GPT-4가 만들어내는 문장이 사람이 쓴 문장과 구분되지 않는 수준까지 올라왔다고 생각할 수도 있습니다. 이처럼 글의 창작 수준으로 사람인지 기계인지 판단이 불가능하다면, 튜링 테스트의 제안에 따라 GPT-4가 '지능'이 있다고 결론 내릴 수 있을까요?

사실 튜링 테스트는 무엇이 '지능'인가에 관한 질문을 회피하고

있습니다. 설령 GPT-4가 튜링 테스트를 통과한다 해도, 이 AI는 단지 인공신경망으로 학습한 문장들을 조합해서 질문에 적절한 문장을 뱉어내는 단순한 입출력 기계에 불과합니다. 다시 말해 GPT와 같은 언어 생성기는 진정한 의미의 '인간 지능'이 없어도 튜링 테스트를 통과할 가능성이 있습니다. GPT는 질문을 정말로 이해하고 답하는 것이 아니라, 통계적으로 가장 그럴듯한 단어를 차례대로 생성해서 대답합니다. 만약 이것을 지능이라고 인정한다면 전자계산기에게도 지능이 있다고 말할 수 있어야 합니다.

저명한 신경과학자이자 AI 연구소 누멘타 Numenta의 설립자인 제프 호킨스 Jeff Hawkins는 그의 저서 《천 개의 뇌 A Thousand Brains》에서 딥러닝이 인간과 같은 지능을 가진 AI, 소위 인공일반지능을 달성하는 것은 어려울지도 모른다고 지적한 바 있습니다. 인간은 딥러닝과 달리 신체 감각을 통해 끊임없이 학습하면서 세계의 모델을 구축한다고 호킨스는 말합니다. 만약 던진 공이 다른 사물과 어떻게 상호작용하는지 알고 싶다면 그저 공을 관찰하는 것만으로 충분히 알 수 있죠. 이렇게 상호작용 속에서 인과관계를 파악해 '세계 모델'을 구축하는 사람의 방식은 딥러닝의 학습방식과 사뭇 다르다고 호킨스는 주장합니다. 심지어 사람은 세계 모델을 구축하고 이를 토대로 다음 순간에 어떤 사건이 일어날지도 예상하며, 필요하다면 기꺼이 그 모델을 수정할 준비가 되어 있습니다. 다섯 살짜리 아이조차 말입니다.

인공일반지능,
공상인가 미래인가

　　　　　우리는 모든 측면에서 다섯 살 아이보다
는 지능이 뛰어난 기계를 만들어야 할 것입니다. 하지만 아이의 능
력이 대단하든 기술의 발전이 더디든 이 목표를 달성하는 일은 여
전히 어렵습니다. 특히 일상의 지식을 컴퓨터에 입력하는 방법을
해결하지 못한다면 영원히 진정한 지능을 가진 기계를 만들 수 없
을지 모른다고 호킨스는 지적합니다.[10]

　딥러닝과 사람의 또 다른 차이는 다양한 모델을 처리하는 방식
과 관련이 있습니다. 사람은 체스와 바둑, 장기와 같은 게임 간의 유
사성을 발견하고 빠르게 학습하며, 훨씬 복잡한 규칙을 가진 수백
개의 최신 게임을 취미로 즐기기도 합니다. 그리고 사람은 바둑을
두다가 체스용 뇌를 집어넣을 필요가 없습니다. 게임을 하다가 대
화를 해야 할 때 게임용 뇌에서 언어용 뇌로 교체할 필요도 없죠. 하
지만 바둑 챔피언인 알파고가 체스를 두려면 이전에 입력된 바둑
과 관련된 학습을 전부 삭제하고 새로운 게임의 규칙을 학습해야
합니다. 따라서 알파고는 사람을 능가하는 체스와 바둑 실력을 동
시에 가질 수 없습니다. 마찬가지로 GPT가 아무리 그럴싸한 문장
을 만들어낸다 해도 체스 판 위의 말은 단 한 칸조차 움직일 수 없습
니다.

　단순하게 생각하면 이것은 매우 이상한 일처럼 느껴집니다. 알

파고의 바둑, GPT의 문장 생성, 스테이블디퓨전의 이미지 제작은 동일하게 딥러닝에 기반한 인공신경망 네트워크를 사용하는데도 하나의 프로그램으로 통합되지 못하고 별개의 프로그램으로 구동돼야 한다는 것이니까요. 반면 사람은 쉽지는 않겠지만 오른손으로 수채화를 그리면서 왼손으로는 체스와 바둑을 동시에 두고 게임 상대방을 말로 도발할 수도 있습니다. 어쩌면 지능은 하나의 작업을 얼마나 잘 해내는가로 측정하는 것이 아니라, 어떤 일이든 유연하게 배울 수 있는가로 평가해야 하는 것인지도 모릅니다.

물론 이러한 한계를 해결하기 위한 움직임은 현재 진행형입니다. 알파고를 개발한 딥마인드는 바둑과 체스, 일본식 장기와 같은 게임을 수행하는 제한적 범용 알고리즘인 알파제로를 출시하는 한편, 엑스랜드XLand라 불리는 개방형 구조를 통해 기계에게 여러 종류의 문제가 통합된 학습을 유도하는 실험을 진행하고 있습니다. 메타 또한 이미지와 텍스트, 음성을 동시에 인식하는 데이터투벡Data2vec이라는 알고리즘을 개발했죠. 최근 딥마인드가 개발한 시마SIMA라는 AI도 주목할 만합니다. 시마는 다양한 게임을 수행하도록 개발된 최신 AI로, 범용 기계로서의 가능성을 보여주고 있습니다. 하지만 시마 역시 사람이 할 수 있는 작업의 60퍼센트도 수행하지 못하고 있어 범용성과 멀티태스킹 능력을 갖춘 AI는 아직 갈 길이 멀어보입니다.[11]

지금까지 이야기한 바를 종합해본다면, 아쉽게도 현재로서는 사람이 개발한 모든 인공'지능'에는 사실 '지능'이 없다는 결론을 내릴 수도 있겠습니다. 물론 지능의 기준은 사람마다 다를 수 있기에 이견은 존재할 수 있습니다. 역전파 알고리즘 개발 등의 업적으로 '딥러닝의 대부'라 불리는 제프리 힌턴 Geoffrey Hinton은 2023년에 인공신경망이 '새로운 형태의 지능'이며 '더 나은 지능'이라고 주장하기도 했습니다.[12] 이 주장에 동의하는지 여부는 여러분의 판단에 맡기겠습니다.

오해를 방지하기 위해 말하자면, 딥러닝은 앞서 이야기했듯 최근 몇 년간 놀라운 성취를 보여준 것이 확실합니다. 하지만 기계가 사람들이 일반적으로 인식하는 '지능'을 가지려면 단지 이미테이션 게임 imitation game으로 튜링 테스트를 통과하는 것 외에도 극복해야 할 장애물이 여전히 산적해 있습니다. 인공지능을 이용해 인류가 더 나아가고자 한다면 먼저 우리가 가진 도구의 한계를 명확히 알아야 할 필요가 있죠.

2020년에 GPT-3가 발표된 이후, IT 기업들은 경쟁적으로 거대한 인공신경망을 가진 언어모델들을 출시하기 시작했습니다. 대부분 GPT-3가 가진 1,750억 개의 파라미터 parameter를 뛰어넘는 거대한 모델들입니다. 파라미터는 AI가 학습하는 동안 조정되는 모델 내부의 변수를 말합니다. 국내 IT 기업 네이버의 언어모델인 하이퍼클로바 HyperCLOVA에는 파라미터가 2,040억 개 있습니다. 마이크로소프트 Microsoft와 엔비디아 NVIDIA가 합작해 만든 메가트론-튜링

NLG^{Megatron-Turing Natural Language Generation, MT-NLG}의 파라미터는 5,300억 개이며, 구글의 스위치트랜스포머^{Switch Transformer}는 GPT-3의 열 배 수준인 1조 6,000억 개의 파라미터를 갖고 있죠. 머지않아 파라미터가 10조 개인 모델도 만들어낼 수 있을 것입니다.

하지만 이 회사들이 새로운 지능의 출현을 바라고 모델을 발전시킨 것은 아니며, 여전히 이전의 언어모델들이 가진 문제점을 완전히 개선하지 못하고 있습니다. 물론 파라미터가 많은 모델일수록 더 복잡한 패턴을 학습할 수 있지만 무조건 파라미터 수를 늘린다고 해서 좋은 모델이 되는 것은 아닙니다. 특히 파라미터만 지나치게 늘리면 모델이 학습 데이터를 과도하게 반영해 정작 예측이 필요한 데이터를 넣었을 때 잘못된 결과가 도출되는 '과적합^{overfitting}'

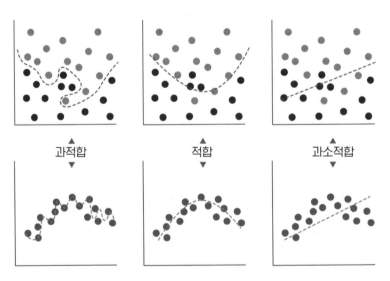

분류(위)와 회귀(아래)에서 일어나는 과적합

문제가 발생합니다.

AI 분야에서 가장 유명한 선구자 중 한 명인 얀 르쿤^{Yann LeCun} 또한 거대 인공신경망을 가진 모델을 통해 이루어진 강화학습으로는 AGI를 만들어낼 수 없다고 말했습니다. 이는 2021년까지 갖고 있던 그의 생각을 뒤집는 주장이기도 합니다. 르쿤은 새로운 AI로 나아가기 위해 컴퓨터가 가져야 할 요소들을 정리해 〈자율 기계 지능을 향한 길^{A Path Towards Autonomous Machine Intelligence}〉이라는 제목의 글을 내놓기도 했습니다.[13]

한편 딥러닝의 핵심인 역전파학습이 뇌의 학습방식과 동일한지도 의문으로 남아 있습니다. 인간의 뇌가 딥러닝처럼 순방향과 역방향의 순서로 미세조정의 프로세스를 거치거나 지도학습과 유사한 방식으로 세상을 이해할까요? 뇌의 학습방식이 딥러닝과 완전히 동일하지 않다면 우리는 무언가 놓치고 있는지도 모릅니다. 따라서 AI를 연구하는 또 다른 진영에서는 현재의 딥러닝이 한계가 있다고 주장하며 실제 뉴런과 비슷하게 작동하는 새로운 인공신경망을 연구하고 있습니다.[14]

이처럼 딥러닝은 AI의 가장 유망한 분야인 동시에 AGI로 나아가려는 사람들의 발목을 잡는 분야일 수 있습니다. 딥러닝은 초기 AI 연구자들이 꿈꿔왔던 사람과 같은 지능을 가진 기계인 AGI의 비전을 실현해줄 주인공이 아닐지도 모릅니다. 비록 딥러닝의 초기 아이디어는 뇌의 작동방식에서 영감을 받았지만, 더 이상 딥러닝은 뇌와 신경과학에 신경 쓰지 않고 수학과 컴퓨터공학에 의존하며 독자적인 길을 가고 있다고 여겨집니다.[15] 만약 딥러닝으로는 근본적인 단계에서 진정한 의미의 지능을 만들어낼 수 없다는 것이 밝혀진다면 AGI를 실현하기 위해 새로운 돌파구를 찾아야 할 것입니다.

그러나 AGI에 관한 건전한 담론은 쉽게 성사되기 어려워 보입니다. 온갖 억측은 물론이고 마케팅을 위한 과대포장이 이 분야에서 매우 흔하게 일어나기 때문입니다. 일부 IT 기업들은 자사의 거대한 인공신경망을 가진 모델이 뛰어나다고 강조하며, 머지않아 자신들의 모델이 사람처럼 사고할 것이라고 거리낌 없이 홍보합니다. 이러한 주장을 검증할 만한 과학적 기반은 아직 존재하지 않습니다. 일론 머스크Elon Musk는 2020년에 나름의 근거를 들어 초인적인 AI가 출현하기까지 5년도 채 안 남았다고 말했지만,[16] 현실은 그의 소망과 다르게 아주 멀리 있으며 그 누구도 장담할 수 없는 미지의 영역입니다. 이러한 이야기는 일반 대중들에게 AI에 관해 잘못된 인식을 심어주기에 충분하며 오히려 AI의 발전을 저해하는 일인지도 모릅니다. 그러므로 우리는 AGI의 과도한 기대와 공포를 접어두고, 현재의 AI가 가진 문제를 해결하는 데 힘을 모아야 합니다.

지금까지 딥러닝의 이론적 배경과 원리, 활용 사례와 문제점 그리고 마지막으로 아직 멀리 있는 것 같지만 우리의 흥미를 자극하는 AGI에 관해 간략하게 이야기했습니다. 이제 여러분은 다음과 같은 질문에 스스로 생각하고 답변할 수 있습니다.

- 딥러닝은 인간의 사고방식과 유사한가?
- 지도학습, 비지도학습, 강화학습은 각각 어떤 경우에 유용한가?
- 회귀분석과 비교해서 딥러닝은 어떤 점이 다른가?
- 딥러닝을 이용해 의사결정을 수행하면 잠재적으로 어떤 문제점이 생길 수 있는가?
- AI에게 전적으로 의사결정을 맡길 수 있는 분야가 있는가?
- AI 규제는 어떤 방식으로 이루어져야 하는가?
- AGI는 출현할 수 있는가?

이제는 GPT와 같은 대형언어모델을 스마트폰에서 사용할 수 있는 것은 물론 마이크로소프트의 코파일럿을 활용해 AI를 업무에 직접 활용하는 시대가 되었습니다. 이런 측면에서 딥러닝은 일상에 밀착한 기술이 되었다 해도 과언이 아닙니다. 따라서 딥러닝 자체와 그 한계를 명확히 이해하고 사용하는 것이 무엇보다 중요하다는 점을 강조하며 이야기를 마치겠습니다.

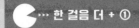

설명 가능한 AI
블랙박스를 파헤치다

딥러닝이 블랙박스 모델로 취급되는 한계를 극복하기 위해, 다른 한편에서는 '설명 가능한 AI', XAI에 관한 연구가 진행되고 있습니다. XAI는 딥러닝을 포함하는 AI 모델의 작동 원리와 더불어 최종 결과가 나온 이유를 설명해주는 기술을 말합니다.

XAI가 설명하는 방식에는 여러 종류가 있습니다. 먼저 XAI 모델 내에서 자체적으로 예측과 설명이 가능하도록 하는 방법과, 기존 모델이 예측을 수행한 결과에 다른 모델을 추가해 설명하도록 하는 방법이 있습니다. 또는 모델의 모든 결과와 작동 과정을 설명하는 AI와 특정 결과만 설명하는 AI로 구분할 수도 있습니다.

여기서는 자체적으로 설명이 가능하고 전체 작동 과정을 설명해주는 AI 모델의 예시로 '의사결정나무decision tree'를 소개하겠습니다. 의사결정나무는 회귀 또는 분류를 위해 데이터를 학습해 '예/

아니오' 규칙을 찾아주는 변수 기반 알고리즘입니다. 의사결정나무의 흥미로운 점은 규칙을 찾아내는 과정이 나무의 가지가 뻗어나가듯 시각화된다는 것입니다. 그 덕분에 모델이 어떻게 작동하는지 전체적으로 조망하고 직관적으로 이해하기도 쉽다는 특징이 있습니다.

이해를 돕기 위해 타이태닉호 승객에 대한 데이터를 바탕으로 의사결정나무를 사용했다고 가정해보겠습니다. 다음은 당시 사고에서 생존한 사람과 사망한 사람을 분류한 결과입니다.

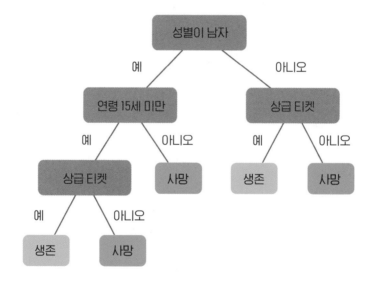

결과를 살펴보면 의사결정나무가 사망자와 생존자를 분류하기 위해 성별, 연령, 티켓 등급을 변수로 활용했다는 것을 알 수 있

습니다. 특히 성별 변수가 가장 우선순위에 있고 성별 변수를 지나 각각의 경로를 따라가면 생존자, 사망자로 분류되는 규칙이 보입니다. 예를 들어 승객이 남성이고 연령이 15세 미만이면서 상급 티켓을 소유했다면 생존자에 해당하죠. 이는 예/아니오로 스무 번 안에 답을 맞혀야 하는 놀이인 '스무고개'와 유사합니다.

앞서 살펴본 의사결정나무는 비교적 이해하기 쉽지만, 매우 고도화된 알고리즘에 설명 가능성까지 부여하는 것은 어려운 일입니다. 하지만 큰 책임을 가진 사람들의 의사결정은 막대한 파급력을 지니기에, 단순히 AI가 전달해주는 결과를 곧이곧대로 받아들일 수만은 없습니다. 따라서 AI가 다방면의 의사결정에 활용되려면, 반드시 XAI의 발전이 동반되어야 합니다.

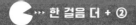

경사하강법
최적의 방향을 찾는 수학

회귀분석에서 최적의 직선을 구하는 방법은 잔차제곱합을 최소로 만드는 것이었습니다. 이제 논의를 확장해 AI에서 많이 쓰이는 '경사하강법^{gradient descent}'이라 불리는 기법을 살펴보겠습니다.

어떤 데이터의 잔차제곱합 e^2이 다음과 같이 a를 미지수로 하는 2차식이라 해보겠습니다.

$$e^2 = a^2 - 2a + 2$$

2차식으로 표현되는 e^2은 가로축이 a이고 세로축이 e^2인 그래프로 어렵지 않게 나타낼 수 있습니다(아마 많은 분이 2차 함수 그래프를 그리는 법을 잊었을 것이라 생각합니다. 하지만 이 내용을 이해하는 데는 지장이 없습니다). 즉 2차식 그래프에서 최소점의 위치를 파악할 수 있습니다. 여기서는 a가 1일 때 e^2이 최소가 됩니다.

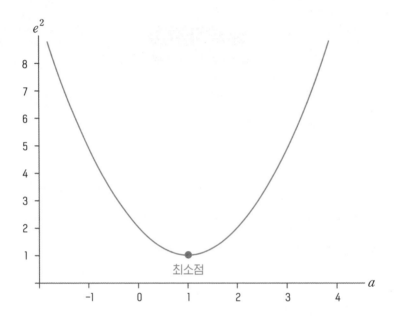

사실 이런 방법은 비교적 단순한 함수에나 허용될 수 있으며, 일반적으로 함수의 최소점을 찾으려면 미분을 이용해야 합니다. 여기서 미분의 기법을 자세하게 설명하지는 않겠지만, 미분의 기하학적 의미는 최소점을 찾을 수 있는 유용한 통찰을 줍니다. 그러니 잔차제곱합이 최소가 되는 a값을 미분의 개념으로 다시 찾아보겠습니다. 이 과정에는 아주 단순한 수학 수식 두 개만 등장하므로 이해하기 어렵지 않을 것입니다.

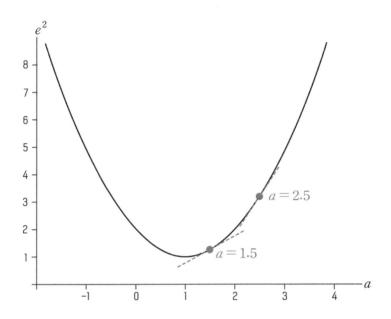

위에 그려진 주황색 점선은 앞에서 제시한 2차식 그래프에서, a가 2.5일 때와 1.5일 때 그래프와 한 점에서 접하는 단 하나의 직선, 즉 접선을 각각 그린 것입니다. a가 2.5일 때는 직선이 매우 가파르고, a가 1.5일 때는 덜 가파르다는 것을 바로 눈치챌 수 있는데요. 여기서 가파르다는 것은 해당 직선의 기울기를 의미합니다. 기울기의 절댓값이 클수록 가파르고 작을수록 덜 가파르죠. 이것이 여러분이 이해해야 할 미분의 전부입니다. 특정한 a값에서 그린 직선의 기울기는 'a에서의 미분계수'라 불립니다. 미분계수는 어떤 함수의 특정한 점에서 그리는 접선의 기울기인 것입니다.

대부분의 함수는 미분계수가 0인 지점에서 최댓값 또는 최솟값을 가집니다. 따라서 2차식의 최소점을 구하는 문제는 결국 미분계수가 0이 되는 지점을 찾는 것에 불과합니다. 이처럼 최소화하고자 하는 식이 비교적 간단하고 좌표평면에 명료하게 표현된다면 미분을 이용해 그래프의 최소점을 손쉽게 구할 수 있습니다.

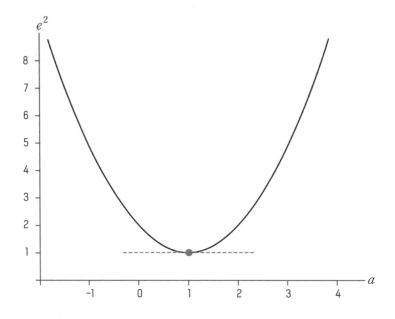

하지만 딥러닝은 그 내부 과정에 여러 함수 세트가 겹겹이 관여해 함수가 매우 복잡한 형태를 보입니다. 이 식은 사람이 인식할 수 있는 수준의 그래프로 나타낼 수 없습니다. 함수의 청사진이 없는 상태에서 최소점을 구해야 하는 어려운 상황에 놓이는 것이죠. 이런 경우에도 최소점을 파악하는 방법, 적어도 최소점에 가능한

한 가깝게 도달할 방법을 찾기 위해 탄생한 것이 바로 경사하강법입니다.

어두운 밤 손전등 하나로 험한 산길을 '내려가야' 한다고 가정해봅시다. 여러분은 손전등을 이용해 자기 주변의 바닥만 볼 수 있습니다. 왼쪽 땅이 경사진 것을 확인하고 그쪽으로 몇 발짝 전진합니다. 그러다 다시 오른쪽이 아래로 향하는 경사로임을 파악하고 그쪽으로 몇 걸음 이동합니다. 이런 식으로 가까운 주변 지형만 볼 수 있다면, 현재 자신의 위치에서 앞이 보이는 만큼 조금씩 아래로 이동한 후 다시 방향을 정해 움직이는 방법을 반복할 수밖에 없습니다. 경사하강법 또한 마찬가지입니다. 경사하강법은 함숫값이 감소하는 방향으로 미지수를 조금씩 바꿔나가는 과정을 반복함으로써, 국소적으로 최소가 되는 지점을 찾아내는 방법입니다.

이제 해결해야 할 문제는 '컴퓨터에게 함수가 최소가 되는 방향을 정하도록 어떻게 지시할 수 있는가'입니다. 여기서 바로 미분의 기하학적 의미가 활용됩니다. 다시 잔차제곱합의 함수로 돌아가보겠습니다. 다만 이번에는 해당 함수를 식의 형태로만 알고 있고 그래프는 어떤 형태인지 모른다고 가정하겠습니다.

$$f(a) = a^2 - 2a + 2$$

먼저 미지수 a의 값을 임의로 하나 정하고 그때의 미분계수, 즉 접선의 기울기를 구해야 합니다. 그러려면 잔차제곱합 $f(a)$의 도함수를 구해야 합니다. 도함수를 구하는 방법은 몰라도 괜찮습니다. 아무리 복잡한 함수여도 컴퓨터가 도함수를 구해주니까요. $f(a)$의 도함수는 $f'(a)$를 이용해 다음과 같이 표기합니다.

$$f'(a) = 2a - 2$$

이 도함수의 미지수 a에 임의로 2.5를 대입해보면 미분계수가 3이 나옵니다. a가 2.5일 때 접선의 기울기는 꽤 가파른 셈이죠. 이번에는 a에 1.5를 대입해봅니다. 이때 기울기는 1입니다. 즉 a가 2.5일 때보다 a가 1.5일 때 이 함수의 기울기는 더 작습니다.

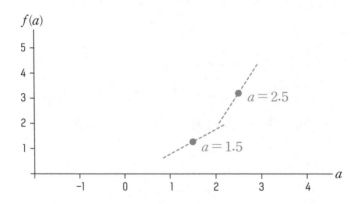

기울기가 더 작아졌다는 것은 꽤 긍정적인 신호입니다.[+] 지금 우리는 기울기가 0이 되는 지점을 찾고 있기 때문입니다. 따라서 1.5보다 더 작은 a값을 대입하면 잔차제곱합이 최소가 되는 지점이 존재한다고 짐작할 수 있습니다.

하지만 급한 마음에 a에 -1을 대입한다면 미분계수 값이 -4가 나옵니다. a를 왼쪽으로 지나치게 이동한 것 같으니 이번에는 a에 1을 대입해봅니다. 드디어 미분계수 값이 0이 나옵니다. 따라서 a가 1일 때 잔차제곱합은 최소가 됩니다.

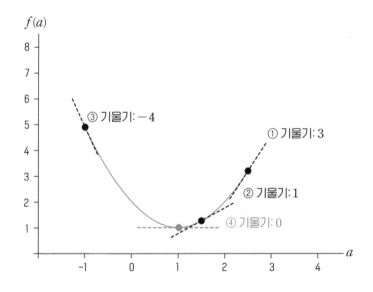

[+] 여기서 예시로 들고 있는 $f'(a) = 2a - 2$는 매우 간단한 함수이지만, 복잡한 미지의 함수에도 본문의 설명이 동일하게 적용됩니다.

이런 방식으로 a의 값을 더 작게 또는 더 크게 조정해 미분계수 (접선의 기울기)를 구하면서 잔차제곱합이 최소가 되는 지점으로 다가가는 것이 경사하강법의 기본입니다.

경사하강법에서 중요한 문제는 방향을 정한 후 a를 어느 간격으로 옮길지 결정하는 것입니다. 이는 최적의 미지수를 찾는 데 중요한 역할을 합니다. 간격이 너무 좁으면 최적의 미지수를 찾는 데까지 지나치게 많은 연산을 해야 하며 국소 최적해^{local optimum}에 갇힐 위험도 있습니다. 국소 최적해란 함수의 전체 구간에서 함숫값이 최소인 지점이 아닌 특정 구간에서만 함숫값이 최소인 지점을 말합니다.

그렇다고 너무 간격이 넓으면 미분계수가 일관적으로 변하지

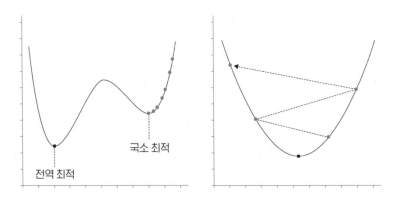

탐색 간격이 너무 좁으면 국소 최적해에 갇히고(왼쪽),
간격이 너무 넓으면 최적점을 찾지 못할 수 있습니다(오른쪽).

않는 데다가, 잔차제곱합이 급작스럽게 증가하는 방향으로 위치가 전환될 수 있습니다. 그러므로 경사하강법에서는 적절한 간격 설정이 매우 중요합니다.

4장

거인들은 조건부로
결정의 질을 높인다

인간의 의사결정은 무수히 많은 **'조건'** 아래에서 이루어집니다.

이러한 조건들을 반영한 수학적 모델이 바로 '베이즈 정리'입니다.

이 모델은 사람이 일으킬 수 있는 직관의 오류를 제거해주는 한편,

기업에게 막대한 수익을 안겨주고 있습니다.

더불어 가장 흥미로운 사실은 여러분 모두 단 한 명도 빠짐 없이

이 모델을 접하고 있다는 점입니다.

치열한
탐색

여러분이 어떤 사람에게 호감을 갖고 있다고 가정해보겠습니다. 하지만 누군가에게 호감을 갖는 것은 아주 큰 불확실성을 내포하고 있습니다. 상대방에게 이미 짝이 있을지도 모르기 때문이죠. 이런 상황에서 상대방에게 만나는 사람이 있는지 직접 물어보는 것은 자칫 독이 될 수도 있습니다. 따라서 여러분은 치열한 탐색을 통해 상대방에게 짝이 있는지 알아내야 합니다.

먼저 여러분은 중립적인 전망을 하기로 합니다. 즉 상대방에게 짝이 없을 확률을 50퍼센트, 짝이 있을 확률도 50퍼센트로 두는 것이죠. 이처럼 아무런 정보가 없는 상태에서는 두 확률을 동등하게 놓는 것이 합리적일 수 있습니다. 이를 '이유 불충분의 원리principle of indifference'라 부릅니다. 어떤 사건이 일어날 확률을 막무가내로 50 대 50이라고 판정하는 이 원리에 의문을 제기할 수도 있겠지만, 결국에는 꽤 합리적인 결론에 도달하므로 일단 의심 없이 받아들여주면 좋겠습니다.

상대방에게 짝이 없을 확률과 있을 확률이 반반이므로, 당신은 여전히 섣불리 행동할 수 없는 상황에 놓여 있습니다. 하지만 여러분의 날카로운 관찰력 덕분에 상대방이 왼쪽 넷째 손가락에 반지를 끼지 않았음을 포착했다고 해보죠. 이 사건은 상황을 새로운 국면으로 전환합니다. 우리가 알아내야 할 것이 '상대방에게 짝이 없을 확률'에서 '반지를 끼고 있지 않을 때, 상대방에게 짝이 없을 확률'로 바뀌었기 때문입니다.

> 상대방이 짝이 없을 확률
>
> ▼
>
> 반지를 끼고 있지 않을 때, 상대방에게 짝이 없을 확률

이러한 조건에 따른 사건의 확률을 수학 기호로 명확하게 표현하는 방법이 있습니다. 상대방에게 짝이 없는 '사건'을 💔로 표현한다면, 상대방에게 짝이 없을 '확률'은 $P(💔)$로 나타낼 수 있습니다. P는 확률의 영어 단어인 probability의 앞 글자를 딴 것입니다. $P(💔)$와 같은 표현은 긴 문장으로 이루어진 사건의 확률을 간단하게 쓸 수 있기에 아주 유용합니다.

핵심 질문이었던 '반지를 끼고 있지 않을 때, 상대방에게 짝이 없

을 확률'은 어떻게 표현해야 할까요? 먼저 상대방이 짝이 없는 사건은 앞서 ♥로 표현했으니, P 뒤에 ♥을 그대로 사용하고 반지를 끼고 있지 않았다는 '조건'은 ♥의 뒤에 구분선 하나를 긋고 반지가 없다는 기호 ✋를 쓰는 것이 좋겠습니다. 이것이 우리가 궁금해하는 확률, '조건부확률'에 쓰는 표현입니다.

반지를 끼고 있지 않을 때, 상대방에게 짝이 없을 확률: $P(♥|✋)$

여기서 원하는 정보인 $P(♥|✋)$를 바로 알 수는 없으며, 이 값을 합리적으로 추론하려면 정보가 더 필요합니다. 다행히 한 시장조사에서 다음과 같은 통계를 얻었다고 해보죠. 이 조사에서는 '연인이 있을 때 커플링 같은 상징적인 장신구를 착용하는가'라는 질문을 했고 60퍼센트가 그렇다고 대답했습니다. 그렇다면 연인이 있어도 커플링을 하지 않는 사람들은 40퍼센트입니다.

연인이 있을 때, 커플링을 넷째 손가락에 끼나요?
예: 60% 아니오: 40%

해당 조사에서는 연인이 없을 때에도 넷째 손가락에 반지를 끼는지 물어보았고, 응답자의 20퍼센트가 그렇다고 대답했습니다. 따라서 연인이 없을 때 반지를 끼지 않는 사람은 80퍼센트가 됩니다.

재밌는 점은 설문조사에 우리가 원하는 정보의 정반대 결과가 있다는 것입니다. 구하고자 하는 것은 '반지를 끼고 있지 않을 때, 상대방에게 짝이 없을 확률'인데, 설문조사에는 '상대방에게 짝이 없을 때, 반지를 끼고 있지 않을 확률'이 나타나 있죠. 이 설문조사를 신뢰할 수 있다면 $P(♥|✋)$를 계산하는 것이 가능합니다. 지금부터 그 작업을 해보도록 하죠.

진리의 사각형과
사후확률

때때로 어떤 확률을 구할 때 사건의 횟수를 늘리면 계산에 상당한 도움이 됩니다. 복권에 당첨될 확률이 1퍼센트라고 말하는 것보다, 100개의 복권 중 한 개만 당첨되는 복권이라고 말하면 훨씬 이해가 쉽죠. 여기서도 직관적인 설명을 위해 여러분이 100명을 관찰했다고 해보겠습니다. 이유 불충분의 원리를 적용하면 이 중에서 50명에게는 짝이 없고, 50명에게는 짝이 있을 것입니다.

짝이 있는 50명 중 60퍼센트에 해당하는 30명은 커플링을 낍니
다. 나머지 스무 명은 짝이 있어도 반지를 끼지 않죠. 반지를 끼고
있지 않아도 짝이 없다고 속단하면 안 되는 이유입니다.

이제 짝이 없는 50명을 보겠습니다. 이 중 20퍼센트에 해당하는

열 명은 반지를 끼고 나머지 80퍼센트인 40명은 반지를 끼지 않을 것입니다.

우리가 관찰한 조건은 '반지를 끼고 있지 않을 때'입니다. 따라서 반지를 낀 그룹은 무시하고 반지를 끼지 않은 그룹만 고려해도 괜찮습니다. 반지를 끼지 않은 사람은 총 60명이고 이 중 짝이 없는 사람은 40명입니다. 이를 비율로 계산하면 40/60, 66.7퍼센트가 됩니다. 반지를 끼지 않은 사람 중 66.7퍼센트에게는 연인이 없다고 말할 수 있죠.

$$P(\heartsuit \,|\, \text{✋}) = \frac{40}{20+40} = \frac{2}{3} \approx 66.7\%$$

일어나지 않은 상황을 소거하는 것이
사후확률을 구하는 핵심입니다.

처음에는 관심이 있는 대상에게 연인이 없을 확률을 50퍼센트로 평가했습니다. 이것을 관측하기 전의 확률, 사전확률prior probability이라고 부릅니다. 그리고 여러분의 날카로운 관찰 덕분에 66.7퍼센트라는 새로운 확률, 사후확률posterior probability을 얻게 되었죠. 따라서 상대방에게 연인이 없을 확률을 50퍼센트에서 16.7퍼센트포인트 상승한 66.7퍼센트로 갱신할 수 있습니다.

이에 관한 본격적인 설명을 하기 전에, 사후확률을 구하는 또 다른 편리한 방법 하나를 소개해보겠습니다. 다음과 같이 가로와 세로 길이가 각각 1인 사각형이 있다면 이 사각형의 넓이는 가로와 세로의 길이를 곱한 1이 됩니다. 여기서 사각형의 넓이는 전체 확률 100퍼센트를 나타냅니다.

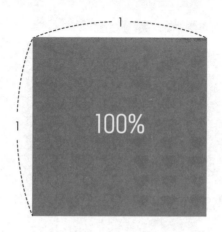

이 사각형에서는 상대방에게 짝이 있거나 없을 확률을 사각형의 가로 길이로 생각해볼 수 있습니다. 그렇다면 사전확률로 설정한 상대방에게 짝이 있을 확률 0.5는 사각형의 왼쪽 절반 넓이로 표현할 수 있습니다. 마찬가지로 상대방에게 짝이 없을 확률은 사각형의 오른쪽 절반 넓이를 차지하겠죠.

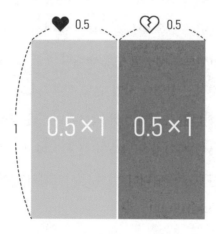

사각형이 세로 길이는 상대방에게 찍이 있거나 없을 내 반시를 끼고 있지 않을 확률입니다. 상대방에게 짝이 있을 때 반지를 끼고 있을 확률은 60퍼센트이므로 왼쪽 사각형의 세로 길이는 0.6과 0.4로 분할됩니다. 따라서 왼쪽 위 사각형 넓이는 0.3이며, 왼쪽 아래 사각형 넓이는 0.2입니다.

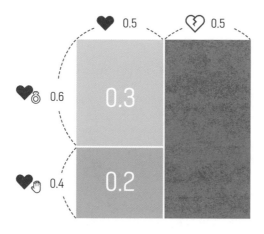

오른쪽 사각형을 분할하는 작업도 계속해보죠. 상대방에게 짝이 없을 때, 반지를 끼고 있지 않을 확률은 80퍼센트입니다. 따라서 오른쪽 사각형의 세로 길이는 0.2와 0.8로 분할되고, 넓이는 각각 0.1과 0.4가 됩니다. 정리하자면 정사각형의 가로 길이를 이유 불충분의 원리에 근거해 분할하고 세로 길이를 설문조사의 정보를 이용해 분할한 다음, 만들어진 네 개의 사각형 넓이를 구하는 것입니다.

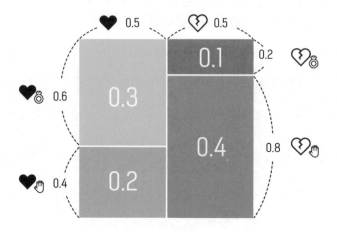

　이렇게 완성된 정사각형을 통해 우리는 아주 쉽게 원하는 확률을 구할 수 있습니다.[1] 각 사각형들의 넓이 자체가 확률이 되기 때문입니다.

　우리가 관찰한 것은 반지를 끼지 않은 손이었으므로 반지를 낀 경우는 모두 조건에서 제외하고 나머지만 고려하면 됩니다. 앞에서 했던 것처럼 상대방이 반지를 끼지 않은 영역을 분모로 하고, 반지를 끼지 않으면서 연인이 없는 영역을 분자로 하면 사후확률을 구할 수 있습니다. 이 값은 당연히 앞에서 구한 66.7퍼센트와 동일합니다.

$$P(\text{♥}|\text{✋}) = \frac{0.5 \times 0.8}{0.5 \times 0.4 + 0.5 \times 0.8} = \frac{0.4}{0.2 + 0.4} = \frac{2}{3}$$

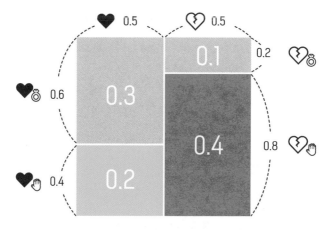

관심 영역은 왼쪽 아래와 오른쪽 아래의 사각형입니다.

이 식에서 각각의 값이 갖는 의미를 잘 생각해보면 다음과 같은 조건부확률 표현으로도 어렵지 않게 바꿀 수 있습니다. 어떤 방식의 계산을 사용하든 결과는 동일합니다.

$$P(\heartsuit|\text{✋}) = \frac{P(\heartsuit) \times P(\text{✋}|\heartsuit)}{P(\heartsuit) \times P(\text{✋}|\heartsuit) + P(\heartsuit) \times P(\text{✋}|\heartsuit)} = \frac{2}{3}$$

이처럼 사전확률에서 출발해 여러 정보를 살펴보고 사후확률을 얻는 것이 바로 베이즈정리Bayes's theorm의 핵심입니다. 처음에는 부정확한 사전확률만 존재하지만, 새로운 정보가 있다면 계산을 통해 사전확률을 갱신해 더 신뢰할 만한 확률을 얻을 수 있습니다. 베이즈정리에서 확률은 정적인 값이 아니며 새로운 정보에 따라 언제

든지 변할 수 있습니다. 예를 들어 연인이 있을 때 프로필 사진을 연인과 함께 찍은 사진으로 바꾸는지에 관한 설문조사 결과가 있다면 이 정보를 바탕으로 다시 확률을 갱신할 수 있죠.

주관적 확률에서 시작했지만 점차 객관적 확률로 나아가는 베이지안 접근 방식은 사람의 의사결정 과정과도 맞닿아 있습니다. 사람 역시 불확실한 정보를 토대로 판단을 하다가 새로운 정보가 주어지면 그 정보를 기반으로 새로운 의사결정을 내립니다. 그렇기에 베이즈정리는 AI를 이용한 의사결정 알고리즘의 기반으로 사용되며 매우 강력한 위력을 발휘합니다. 하지만 그 강력한 위력만큼 부작용도 커지고 있죠.

이와 관련된 이야기는 조금 뒤로 미루고, 조건부확률을 통한 수학적 접근방식이 의사결정 과정에 어떤 도움을 주는지 두 가지 사례를 통해 살펴보도록 하겠습니다.

하루 만에 전염병을 없애는 방법?

코로나19$^{Covid-19}$가 인류를 위협했을 때, 제약회사들이 빠르게 진단키트를 만들어낸 덕분에 우리는 확진자를 찾아 치료하고 바이러스의 확산을 어느 정도 막을 수 있었습니다. 전염병은 단 몇 명만 감염되어도 급속도로 확산되는 경향이 있기 때문에 진단키트를 이용한 조기 발견이 정말 중요하죠.

여기서 전염병을 종식할 혁신적인 생각을 떠올릴 수 있습니다. 바로 전 국민을 대상으로 진단키트를 이용해 바이러스 감염 여부를 하루 안에 검사하는 것입니다. 물론 상당한 비용이 들겠지만 전염병으로 인한 손실을 생각한다면 이 정도는 아무것도 아닌 것 같으니, 이러한 아이디어가 실제로 실현 가능한지 수학적으로 따져 보도록 하겠습니다.

먼저 전 국민을 감염병에 걸린 사람과 걸리지 않은 사람으로 나눌 수 있을 것입니다. 그런데 진단키트를 이용해 전 국민을 구분한다면 사정이 조금 복잡해집니다. 진단키트 검사 결과에는 근본적으로 불확실성이 존재하기 때문입니다. 따라서 진단키트를 이용해 바이러스 감염 여부를 검사한다면 단순히 감염병에 걸리거나 걸리지 않는 두 가지 상황이 아니라 다음과 같이 네 가지 경우를 전제해서 살펴봐야 합니다.

1. 실제로 감염되었고 검사에서도 양성이 나온 사람
2. 실제로 감염되었지만 검사에서는 음성이 나온 사람
3. 감염되지 않았지만 검사에서는 양성이 나온 사람
4. 감염되지 않았고 검사에서도 음성이 나온 사람

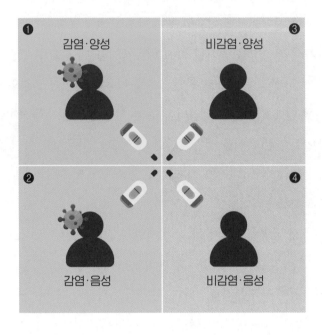

첫 번째와 네 번째 사례는 가장 바람직한 결과입니다. 첫 번째 경
우는 실제 바이러스에 감염된 사람을 진단키트가 잘 구분했고, 사
람들로부터 격리되어 병원에서 치료를 받을 테니까요. 네 번째 경
우는 바이러스에 감염되지 않은 사람을 진단키트가 '이 사람에게는
바이러스가 없다'고 판정했고, 이 결과를 받은 사람은 안심하고 귀
가할 수 있습니다. 하지만 두 번째와 세 번째 사례는 검사의 불확실
성으로 존재하는 위험 요소이자 공중보건에 큰 위협이 될 수 있습
니다.

네 가지 상황 중 특히 두 번째 사례는 방역에 아주 큰 지장을 줍니
다. 바이러스가 있지만 검사에서 음성이 나온 사람은 자신이 감염

되었다는 사실을 모릅니다. 따라서 적절한 치료를 받지 못할 뿐 아니라 다른 사람에게 바이러스를 전파할 수 있습니다. 세 번째 사례역시 멀쩡한 사람에게 양성 판정을 내리고 치료를 하는 것이므로문제가 됩니다. 진단키트 검사 결과가 100퍼센트 정확하지 않다면이러한 두 위험은 언제나 존재하게 됩니다. 그렇다면 진단키트를아주 완벽하게 만들면 괜찮지 않을까요?

완벽한 진단키트가 무엇인지 정의하려면 먼저 진단키트의 두 가지 요소를 이해해야 합니다. 여기서 다시 한 번 앞에서 이야기한 네가지 경우를 이용해 진단키트의 두 가지 요소를 설명해보겠습니다.

첫 번째 요소는 민감도^{sensitivity}입니다. 민감도는 실제로 감염된 사람을 진단키트가 양성으로 판정하는 확률입니다. 민감도가 100퍼센트인 진단키트가 존재한다면 감염된 사람 모두 회복될 때까지사람들로부터 격리되어 병원에서 치료를 받을 수 있습니다(❶). 하지만 민감도가 100퍼센트보다 낮은 진단키트를 사용한다면 감염되었지만 진단키트에서 음성이 나와 일상으로 돌아가는 감염자가발생합니다(❷). 감염자는 사람들 사이에 섞여 바이러스를 퍼뜨리는 전파자가 될 수도 있죠. 따라서 진단키트의 민감도가 낮다면 방역에 구멍이 생깁니다. 이런 오류를 위음성$^{false\ negative}$ 또는 제2종 오류$^{type\ 2\ error}$라고 부릅니다.

진단키트의 두 번째 요소는 특이도^{specificity}입니다. 특이도는 감염되지 않은 사람을 진단키트가 음성으로 판정하는 확률입니다. 특이도가 높은 진단키트는 감염되지 않은 사람을 음성으로 잘 판정합니다(❹). 특이도가 낮다면 실제로 감염되지 않은 사람도 검사에서는 양성이 나오게 됩니다(❸). 이것은 불필요한 치료를 시행한다는 의미입니다.[+] 이처럼 감염되지 않아도 검사에서 양성으로 판정되는 것을 위양성false positive 또는 제1종 오류type 1 error라 부릅니다. 이런 방식으로 민감도와 특이도는 검사 대상자를 다음과 같이 네 부류로 나누게 됩니다.

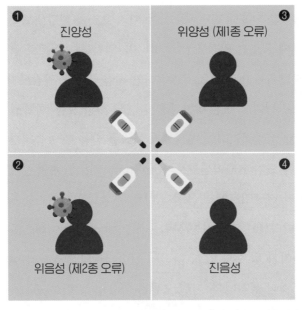

문제가 발생하는 2번은 민감도, 3번은 특이도와 관련되어 있습니다.

+ 이를 재판에 적용하면 실제로 범죄를 저지르지 않았지만 유죄 판결을 받는 경우와 같습니다.

전 국민을 진단키트로 검사하지 않는 이유

    이제 진단키트의 민감도와 특이도를 이용해 진단키트의 불확실성을 평가할 수 있습니다. 먼저 인구가 1만 명이며 지리적으로 아주 작은 고립된 섬나라가 있다고 가정해보겠습니다. 이런 나라라면 전 국민을 대상으로 진단키트를 사용하는 것을 고려해볼 만합니다. 그리고 이 나라 인구의 2퍼센트, 200명이 감염되어 있는 상황을 생각해보죠. 감염된 사람이 200명이라면 감염되지 않은 사람은 9,800명일 것입니다.

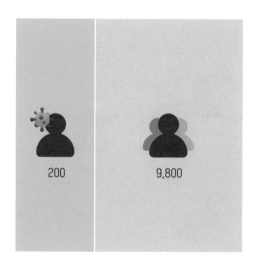

    이때 한 회사에서 바이러스 검사용 진단키트를 만들었습니다. 회사는 이 키트의 민감도와 특이도가 모두 99퍼센트라고 발표했습

니다. 진단키트의 성능은 꽤 훌륭해 보이므로 이 나라의 정부는 발표 내용을 믿고 전 국민을 대상으로 검사를 실시하기로 합니다. 먼저 질병에 감염된 사람들이 진단을 받는 상황을 살펴보겠습니다. 감염된 200명 중에서 양성 판정을 받는 사람은 200명의 99퍼센트, 198명입니다. 즉 감염되었는데도 검사에서 음성 판정을 받는 사람은 200명의 1퍼센트인 두 명입니다. 우리가 놓친 이 두 사람은 자신이 감염되지 않았다고 생각하고 있을 것입니다. 전염병의 감염이 기하급수적으로 전파된다는 특성을 고려해본다면 이는 심각한 문제입니다.

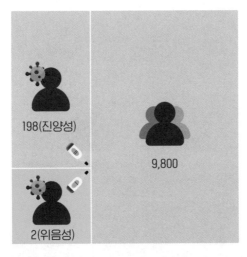

민감도로 인해 감염자들은 진양성과 위음성의 두 그룹으로 나뉩니다.

이번에는 감염되지 않은 사람들이 진단키트로 검사받는 상황을 살펴보겠습니다. 진단키트의 특이도는 99퍼센트였으므로, 감염되지 않은 사람 9,800명 중 음성 판정을 받는 사람은 9,702명입니다. 하지만 감염되지 않았는데도 검사에서 양성을 받는 사람은 9,800명 중 1퍼센트인 98명입니다.

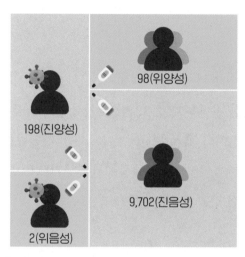

특이도로 인해 비감염자들이 위양성과 진음성으로 나뉩니다.

이 나라에는 진단키트 검사를 통해 양성 판정을 받은 사람들을 치료하는 병원이 단 한 곳입니다. 검사 결과에 따라 이 병원에 입원한 사람들을 살펴보면, 실제로 질병에 감염된 198명과 감염되지 않은 사람 98명으로 구성되어 있습니다. 오류 평가의 중요한 지표 중 하나는 검사에서는 양성이 나왔지만, 실제로는 감염되지 않은 사람의 비율입니다. 이를 위발견율false discovery rate, FDR이라고 합니다.

위발견율은 조건부확률을 이용해 아주 쉽게 구할 수 있습니다. 감염 판정을 받아 병원에 입원한 198+98명 중에서 98명에 해당하는 비율이기 때문이죠. 이 값은 약 33퍼센트입니다.

$$FDR = \frac{98}{198 + 98} \approx 0.33$$

이 수치는 매우 큰 충격을 줍니다. 진단키트로 양성 판정을 받아 병원에 입원한 전체 환자 중 33퍼센트가 감염되지 않은 멀쩡한 환자이기 때문입니다. 혹시 진단키트가 잘못된 것일까요? 진단키트의 정확도accuracy, ACC는 전체 검사 중에서 진단키트가 제대로 판정한 비율입니다. 이 값을 계산해보면 99퍼센트입니다.

$$ACC = \frac{198 + 9702}{10000} = 0.99$$

이렇게 정확도가 99퍼센트인 진단키트조차 33퍼센트라는 높은 위발견율을 보입니다. 이것이 바로 전 국민을 진단키트로 검사하지 않는 이유입니다. 이 과정으로 질병의 감염 유무를 판단한다면 병원 업무가 과중될 뿐 아니라 의미 없는 지출이 발생합니다. 따라서 진단키트로 검사할 때는 감염될 근거가 있는지 판단하는 역학조사와 함께 의사이 종합 소견 그리고 추기 검사들을 만드시 병행해야 하죠.

높은 위발견율은 비단 감염병 진단키트에서만 발생하지 않습니다. 암 진단키트 역시 정확도가 99퍼센트라 해도 감염병 진단키트와 같은 이유로 양성 판정을 받은 세 명 중 한 명은 실제로 암에 걸리지 않았을 가능성이 있습니다. 따라서 1차 검사에서 암 판정을 받았다고 해도 추가 검사를 통해 암세포가 실제로 존재하는지 확인하는 과정을 거쳐야 합니다.

멀쩡한 사람에게 치료를 하는 것도 큰 문제겠지만, 전염성이 높은 병이라면 위음성 오류, 즉 감염되었지만 음성 판정을 받는 경우가 더 큰 문제로 번질 수 있습니다. 검사에서 놓친 감염자는 여전히 질병을 확산시킬 수 있으며, 때로는 단 한 명이 수십 명을 감염시키는 '슈퍼 전파'가 발생하기도 합니다. 그리고 슈퍼 전파를 막는 것은 결코 쉬운 일이 아님을 우리는 코로나19 사태의 경험으로 알고 있습니다.

극단적인 진단키트의 위음성 오류는 미국의 한 여성에게 일어났습니다. 이 여성은 2007년에 우간다의 한 박쥐 동굴을 탐험하고 나서 고통에 시달렸습니다. 나중에야 알았지만 그녀는 마르부르크병Marburg disease이라 불리는 전염병에 걸린 것이었죠. 이 여성은 두 번이나 마르부르크병 검사를 받았지만 결과는 모두 음성이었습니다. 그러던 중 한 네덜란드 여성이 자신이 갔던 지역의 동굴을 탐험하다 불행하게도 마르부르크병으로 인해 사망했다는 뉴스를 접합니다. 그 뉴스를 보고 나서 미국의 이 여성은 자신이 마르부르크병에 걸렸다고 확신하고 다시 한 번 검사해달라고 요청했죠. 세 번째 검사를 받고 나서야 그녀는 양성 판정을 받았습니다.[2]

진단키트는 대량 생산을 거쳐 제조되므로 제조 공정에서 0퍼센트의 오류는 달성하기 불가능한 숫자입니다. 소수의 진단키트가 만들어낸 전염병의 위음성 오류는 방역의 노력을 원점으로 되돌릴 정도로 치명적인 문제입니다. 이런 이유들로 인해 결국 단 한 번의 전 국민 검사로 전염병을 예방하려는 계획은 아쉽게도 실현 불가능한 꿈이라는 결론을 내릴 수 있습니다.

진단키트의 성능이 아무리 좋아도 근본적인 불확실성이 있다는 사실은 우리에게 공포를 심어줄지도 모릅니다. 하지만 불확실한 현실과 한계를 인정하고 결점을 보완하는 대책을 찾아야 한다는 것, 이것이 우리가 수학을 통해 진정으로 깨달아야 하는 교훈입니다.

정확도 99퍼센트인 진단키트가 33퍼센트의 위발견율을 일으키고 1퍼센트의 위음성을 찾지 못해 방역의 구멍을 만들어낸다면, 단순히 진단키트 검사 결과에만 의존하지 않고 검사 절차를 다변화해 오진을 줄이는 방법을 찾아내야 합니다. 2022년에 한국 정부가 역학조사를 추가로 실시하고 재난 상황을 투명하게 공개한 것도 이런 이유 때문입니다. 전체 감염률의 변화가 위발견율에 극단적인 영향을 주고 이에 따라 방역의 방식도 바꿔야 하기 때문이죠.

이처럼 조건부확률은 '전 국민 진단키트 검사' 같은 함정에 빠지지 않도록 돕고 실제로 무엇을 해야 할지 알려줄 수 있습니다. 그리고 이 교훈을 잘 간직하기만 한다면 퀴즈 쇼에서 자동차를 얻게 될지도 모릅니다.

IQ 228의
수난

몬티홀 문제[Monty Hall problem]는 세계에서 가장 유명한 확률 역설입니다. 퀴즈쇼 사회자인 몬티 홀[Monty Hall]은 세 개의 문 중 하나의 뒤에 자동차가 있고, 두 개의 문 뒤에는 염소가 있다고 알려줍니다. 참가자는 문 하나를 고르고 문 뒤에 있는 선물을 가져가면 되죠. 세 개의 문 중 하나를 골라야 하기 때문에 참가자가 자동차를 고를 확률은 분명히 1/3입니다. 이때 참가자가 문 하나를 선택하면 자비로운 사회자는 남아 있는 두 개의 문 중에 염소가 있는 문 하나를 열어서 보여주고 다른 문을 선택할 기회를 한 번 더 줍니다. 이때 참가자는 문을 바꾸는 게 더 좋은 선택일까요? 아니면 사회자의 심리전에 불과할까요?

이 문제는 당시 세계에서 IQ가 가장 높았던 매릴린 사반트[Marilyn Savant]라는 여성이 답변한 후에 엄청나게 유명해졌습니다. 그리고 이와 함께 사반트의 수난도 시작되었습니다. 많은 사람이 그녀의 답에 납득하지 못했기 때문이죠. 대부분의 사람에게 몬티홀 문제의 답은 꽤 명백해 보였습니다. 어차피 남은 두 개의 문 중 하나에 자동차가 있고 나머지 하나에는 염소가 있으니 선택을 바꾸든 바꾸지 않든 자동차를 얻을 확률은 똑같이 50 대 50일 것이라 생각했죠. 하지만 사반트가 제안한 답은 '반드시 바꿔야 한다'였습니다. 그녀는 문을 바꾸지 않으면 자동차를 고를 확률이 1/3밖에 되지 않지만, 문을 바꾸면 2/3로 확률이 올라간다고 말했습니다.

이후 그녀의 답변을 실은 잡지사에는 1만 통이 넘는 항의 편지가 배달되었고, 그녀를 비방한 사람 중에는 미국 국립보건원의 통계학자와 대학 교수, 심지어 노벨상 수상자도 있던 것으로 알려졌습니다. 결국 이 논쟁은 사반트의 승리로 마무리되긴 했지만, 이 사건이 시사하는 바는 매우 큽니다. 이 이야기를 따라가기 위해 앞서 이야기한 베이즈정리와 확률 사각형을 이용해 몬티홀 문제를 해결해보겠습니다.

염소일까, 자동차일까?

퀴즈쇼의 참가자는 모든 문제를 맞혔고, 마침내 세 개의 문 중 하나를 골라야 하는 순간이 다가왔습니다. 귀를 기울여 염소 울음을 들어보려 했지만, 문 뒤에 무엇이 있는지 전혀 알 수가 없었죠. 1번, 2번, 3번 문 뒤에 사동자가 있을 사선확률은 모두 1/3로 동일합니다. 반면 사회자는 세 개의 문 뒤에 각각 무엇이 있는지 알고 있습니다. 여러분이 문 하나를 선택했을 때, 선택하지 않은 문 중에서 염소가 있는 문을 열어 보여주어야 하니까요.[+]

참가자가 1번 문을 선택했다고 가정해보죠. 이때 사회자는 참가자에게 염소가 있는 문을 열어 보여줄 것입니다. 만약 2번 문 뒤에 자동차가 있다면 당연히 사회자는 3번 문을 보여줄 것입니다. 3번 문 뒤에 자동차가 있다면 사회자는 2번 문을 열어서 염소를 보여주겠죠. 가장 중요한 사회자의 행동은 1번 문 뒤에 자동차가 있는 경우입니다. 이때 사회자에게는 여러 선택지가 있습니다. 여기서는 사회자가 퀴즈 참가자 몰래 동전을 던져 앞면이 나오면 2번 문을 보여주고 뒷면이 나오면 3번 문을 보여준다고 가정해봅시다.

이제 확률 사각형을 생각해보겠습니다. 가로세로의 길이가 1인 확률 정사각형에서, 각각의 문 뒤에 자동차가 있을 확률은 모두 1/3입니다. 따라서 확률 정사각형은 1/3의 가로 길이와 1의 세로 길이를 갖는 직사각형 세 개로 분할됩니다. 각 직사각형의 넓이가 나타내는 것은 문 뒤에 자동차가 있을 확률입니다. 왼쪽은 1번, 가운데는 2번, 오른쪽은 3번 문 뒤에 자동차가 있을 확률을 나타내죠.

[+] 사회자가 자동차가 있는 문을 실수로 열어주는 것은 퀴즈쇼의 취지에 맞지 않으므로 합리적인 가정이라 볼 수 있습니다.

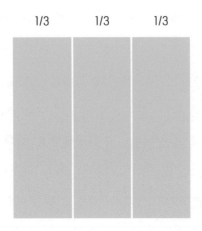

이때 참가자는 1번 문을 선택했습니다. 만약 1번 문 뒤에 자동차가 있다면, 사회자가 2번 문과 3번 문을 열 확률은 같으므로 사각형은 다음과 같이 분할됩니다.

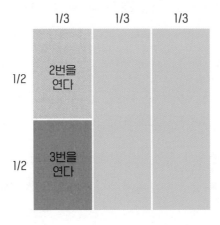

만약 2번 문 뒤에 자동차가 있다면 반드시 3번 문을 열어줘야 하고, 3번 문 뒤에 자동차가 있다면 2번 문을 열어야겠죠.

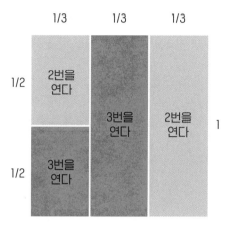

이제 사각형의 가로세로 길이를 곱한 넓이로 각 확률을 계산할 수 있습니다. 참가자가 1번 문을 선택한 다음 사회자가 3번 문을 열어 염소를 보여줬다고 해보겠습니다. 따라서 참가자는 3번 문 뒤에 자동차가 없다는 '새로운 정보'를 알게 되었습니다. 2번 문을 여는 상황은 일어나지 않았으므로, 가능성은 다음과 같이 사라집니다.

이제 남아 있는 사각형을 이용해 단순한 계산을 할 차례입니다. 3번 문을 열어 보여주었을 때 2번 문 뒤에 자동차가 있을 확률은 2/3, 약 67퍼센트라는 것을 알 수 있습니다. 따라서 참가자는 선택한 문을 바꿔야 한다는 결론이 나옵니다.

$$\frac{1/3}{1/6 + 1/3} = \frac{2}{3} \approx 66.7\%$$

이 결과가 잘 와닿지 않을 수도 있으니, 이번에는 컴퓨터의 도움을 받아봅시다. 실제 퀴즈쇼에서 참가자는 단 '한 번'의 기회만 주어지므로 선택을 통해 자동차를 얻을 '확률'을 계산해야 합니다. 하지만 컴퓨터를 사용한다면 몬티홀 게임을 10만 번 계속해볼 수 있죠.

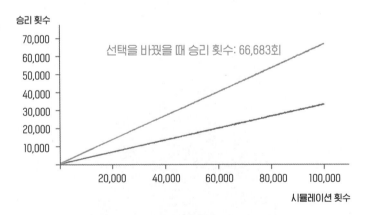

게임을 10만 번 반복했을 때 문을 바꾼다면
자동차를 얻는 횟수(주황색)와 얻지 못하는 횟수(회색)

이 그래프는 참가자가 10만 번의 게임에서 선택을 바꿨을 때와 바꾸지 않았을 때 자동차를 얻는 횟수를 나타낸 것입니다.

참가자가 몬티홀 게임을 10만 번 했을 때 문을 바꾸면 자동차를 얻은 게임의 횟수는 6만 6,683번입니다. 따라서 문을 바꿨을 때 승리할 확률은 66.7퍼센트에 가깝게 됩니다.[+]

게으른
사회자의 전략

몬티홀 문제는 직관의 위험성을 경고하는 동시에 수학적 추론의 중요성을 알려주는 대표적 사례입니다. 그러니 몬티홀 문제를 단순히 '선택한 문을 바꿔야 한다'고 결론짓고 이야기를 마무리하면 안 됩니다. 우리가 진정 주목해야 하는 것은 '몬티홀 문제가 어떤 가정과 모델에 의존하고 있는가'이기 때문입니다. 여기서 몬티홀 문제를 변형한 사례 하나를 여러 가지 방식으로 풀어보겠습니다.

사회자는 자동차가 있는 문을 참가자가 선택했을 때, 어떤 문을 보여줄지 동전을 던져 결정하는 것(고전적 전략)에 지쳐버렸습니다. 그래서 다음과 같이 '큰 번호 전략'을 고안했습니다.

[+] 몬티홀 문제를 시뮬레이션할 수 있는 파이썬^{python} 코드는 책의 부록에 수록했습니다.

이 전략에 따르면, 참가자가 1번 문을 선택했고 1번 문 뒤에 자동차가 있을 때 사회자는 3번 문을 열어줘야 합니다. 이때 참가자는 문을 바꾸면 패배합니다. 만약 참가자가 1번 문을 선택했고 자동차가 2번 문 뒤에 있다면 사회자는 3번 문을 열어줘야 합니다. 이 상황에서는 참가자가 문을 바꾸면 승리합니다. 이런 방식으로 큰 번호 전략을 사용해 참가자가 문을 바꿨을 때의 승패를 정리해보면 다음과 같습니다.

참가자가 1번 문을 선택한 경우

- 자동차는 1번 → 사회자 3번 열기 | 문을 바꾸면 패배
- 자동차는 2번 → 사회자 3번 열기 | 문을 바꾸면 승리
- 자동차는 3번 → 사회자 2번 열기 | 문을 바꾸면 승리

참가자가 2번 문을 선택한 경우

- 자동차는 1번 → 사회자 3번 열기 | 문을 바꾸면 승리
- 자동차는 2번 → 사회자 3번 열기 | 문을 바꾸면 패배
- 자동차는 3번 → 사회자 1번 열기 | 문을 바꾸면 승리

참가자가 3번 문을 선택한 경우

- 자동차는 1번 → 사회자 2번 열기 | 문을 바꾸면 승리

- 자동차는 2번 → 사회자 1번 열기 | 문을 바꾸면 승리
- 자동차는 3번 → 사회자 2번 열기 | 문을 바꾸면 패배

큰 번호 전략 역시 고전적 전략과 마찬가지로 참가자가 문을 바꾸는 경우가 유리합니다. 다만 큰 번호 전략은 고전적 전략보다 훨씬 직관적으로 이 사실을 알 수 있습니다. 총 아홉 가지의 경우에서 문을 바꾸면 승리하는 경우가 여섯 가지고, 패배하는 경우는 세 가지이기 때문에 문을 바꿔서 승리할 확률은 6/9, 다시 말해 2/3입니다. 그런데 여기서 더 생각해봐야 할 것이 있습니다. 바로 퀴즈쇼의 참가자가 '큰 번호 전략을 알고 있는가'입니다.[+]

만약 사회자가 매우 게을러서 100번의 퀴즈 쇼를 진행하는 동안 계속 같은 전략을 사용했다고 해보겠습니다. 그렇다면 이 프로그램을 평소에 애청했던 참가자는 퀴즈쇼에 출연하기 전에 사회자의 전략이 무엇인지 간파하고 있을지도 모릅니다. 이런 경우에는 참가자에게 매우 유리한 일이 벌어집니다.[++]

예를 들어 참가자가 2번 문을 선택할 때 자동차가 3번 문 뒤에 있다고 해봅시다. 이때 사회자는 자동차가 있는 3번 문을 열 수는 없

[+] 참가자가 사회자의 전략을 알고 있는지가 어떤 결과를 만들어내는지에 따른 시뮬레이션 결과와 파이썬 코드 또한 책의 부록에 수록했습니다.

[++] 이는 참가자의 믿음을 퀴즈쇼 결과를 통해 갱신하는 것이므로 또 다른 조건부확률이 됩니다. 즉 참가자는 사회자가 큰 번호 전략을 사용할 확률이 80퍼센트 정도라는 믿음을 가질 수도 있는 것이죠. 여기서는 참가자가 단순히 사회자의 전략을 간파해 100퍼센트 확신한다고 가정하겠습니다.

으니 1번 문을 열어줍니다. 그런데 참가자는 사회자가 큰 번호 전략을 구사한다는 것을 알고 있으므로, 그가 3번 문을 열어주지 않았다는 것은 결국 3번 문 뒤에 자동차가 있다는 뜻임을 깨닫게 됩니다. 이 경우는 선택을 바꿔야만 게임에서 승리한다는 사실을 참가자가 '알게' 되므로 간단히 문을 바꿔서 자동차를 받으면 됩니다. 이처럼 참가자가 사회자의 전략을 간파하면, 아홉 가지 경우의 수중 무조건 자동차를 얻을 수 있는 상황은 다음과 같이 세 가지(c, f, h)입니다. 이 상황은 참가자가 고른 문을 제외한 두 개 문 중에서 사회자가 더 작은 번호의 문을 열어줘야 할 때 발생합니다.

참가자가 1번 문을 선택한 경우

a. 자동차는 1번 → 사회자 3번 열기 | 문을 바꾸면 패배
b. 자동차는 2번 → 사회자 3번 열기 | 문을 바꾸면 승리
c. 자동차는 3번 → 사회자 2번 열기 | 문을 바꾸면 승리임을 간파

참가자가 2번 문을 선택한 경우

d. 자동차는 1번 → 사회자 3번 열기 | 문을 바꾸면 승리
e. 자동차는 2번 → 사회자 3번 열기 | 문을 바꾸면 패배
f. 자동차는 3번 → 사회자 1번 열기 | 문을 바꾸면 승리임을 간파

참가자가 3번 문을 선택한 경우

g. 자동차는 1번 → 사회자 2번 열기 | 문을 바꾸면 승리
h. 자동차는 2번 → 사회자 1번 열기 | 문을 바꾸면 승리임을 간파
i. 자동차는 3번 → 사회자 2번 열기 | 문을 바꾸면 패배

c, f, h의 경우에는 참가자가 딜레마에 빠지지 않으며 어떤 문을 선택할지 고민할 필요도 없습니다. 즉 참가자가 진정으로 고민에 빠지는 경우는 나머지 여섯 가지 경우입니다. 그런데 참가자가 1번 문을 선택했고 사회자가 3번 문을 열어줬다면, 참가자가 문을 바꿨을 때 승리할 확률은 여전히 2/3일까요? 이를 좀 더 엄밀하게 확인하기 위해 각 상황을 다음과 같이 조건부확률의 기호로 정리해보겠습니다. 어떤 확률을 나타내는지 매번 말로 적는 것은 불편하니, 이번 경우도 역시 기호로 각 사건의 확률을 나타내는 것이 상당한 도움이 됩니다.

$P(C_i)$: i번 문 뒤에 자동차가 있을 확률

$P(M_j)$: j번 문을 사회자가 열어줄 확률

$P(C_i|M_j)$: 사회자가 j번 문을 열었을 때, i번 문 뒤에 자동차가 있을 확률

$P(M_j|C_i)$: i번 문 뒤에 자동차가 있을 때, 사회자가 j번 문을 열어줄 확률

문자가 많아 복잡해 보이지만 조금만 들여다본다면 어려울 것은 없습니다. 계산하고자 하는 사건의 확률은 사회자가 3번 문을 열었을 때 자동차가 1번 문에 있을 확률인 $P(C_1|M_3)$이며, 조건부확률로 표현하면 다음과 같습니다.

$$P(C_1|M_3) = \frac{P(C_1)P(M_3|C_1)}{P(C_1)P(M_3|C_1) + P(C_2)P(M_3|C_2) + P(C_3)P(M_3|C_3)}$$

이유 불충분의 원리를 여기에 적용하면, 'i번 문 뒤에 자동차가 있을 확률'은 모두 1/3로 동일합니다. 즉 $P(C_1) = P(C_2) = P(C_3)$ 이므로 분자와 분모를 약분해 더 간단히 나타낼 수 있습니다.

$$P(C_1|M_3) = \frac{P(M_3|C_1)}{P(M_3|C_1) + P(M_3|C_2) + P(M_3|C_3)}$$

이제 이 식을 계산하기 위해 각 사건의 확률을 생각해보겠습니다. 참가자가 1번 문을 선택했고 사회자가 큰 번호 전략을 구사한 다면 $P(M_3|C_1)$의 값은 명백하게 1입니다. 자동차가 1번 문 뒤에 있을 때, 사회자는 2번 문과 3번 문 중에서 무조건 3번 문을 열어 줘야 하기 때문이죠. 마찬가지로 $P(M_3|C_2)$의 값도 1이 되어야 합니다. 자동차가 2번 문 뒤에 있고 참가자는 1번 문을 선택했으므로 사회자에게는 선택의 여지가 없으니까요. 마지막으로 $P(M_3|C_3)$ 은 0입니다. 자동차가 3번 문에 있으면 사회자가 3번 문을 열어줄 수 없습니다. 이는 큰 번호 전략의 조건 B에 위배되는 행동이니까요. 이를 앞의 식에 대입하면, 참가자가 1번 문을 유지했을 때 승률

$P(C_1|M_3)$의 값은 다음과 같이 계산됩니다.

$$P(C_1 \mid M_3) = \frac{1}{1 + 1 + 0} = \frac{1}{2}$$

참가자가 1번 문을 유지했을 때의 승률(큰 번호 전략)

따라서 사회자가 3번 문을 열어준다면 참가자가 기존에 선택한 1번 문을 바꾸든 바꾸지 않든 자동차를 얻을 확률이 동일합니다. 다시 말해 참가자가 진정으로 어떤 문을 선택할지 고민해야 하는 상황에 놓였을 때는 문을 바꿔도 승률이 변하지 않습니다.

만약 몬티가 3번이 아니라 2번 문을 열어줬다면, 참가자는 3번 문에 자동차가 있는 것을 간파할 것이고 당연히 문을 바꿔야 합니다. 다음과 같이 직접 계산을 해봐도 몬티가 2번 문을 열어줬을 때 차가 1번 문에 있을 확률은 0퍼센트입니다. 따라서 문을 바꿨을 때 자동차를 얻을 확률은 100퍼센트가 됩니다. 이는 고전적 전략과 상당히 다른 결론입니다.

$$P(C_1 \mid M_2) = \frac{P(M_2 \mid C_1)}{P(M_2 \mid C_1) + P(M_2 \mid C_2) + P(M_2 \mid C_3)}$$
$$= \frac{0}{0 + 0 + 1} = 0$$

참가자가 1번 문을 유지했을 때의 승률(큰 번호 전략)

$P(C_1|M_3)$을 구하는 식을 들여다보면 왜 큰 번호 전략이 '고전적 전략'의 결론과 달라지는지 명확히 알 수 있습니다. 고전적 전략과 큰 번호 전략의 승률 차이를 결정하는 가장 큰 요소는 $P(M_3|C_1)$의 값입니다. 큰 번호 전략에서 이 값은 1입니다. 그러나 고전적 전략에서는 1/2이 됩니다. 고전적 전략에서는 차가 1번 문 뒤에 있다면 동전을 던져서 2번 문을 열거나 3번 문을 열어주기 때문입니다.

이를 고려해 고전적 전략에서 참가자가 1번 문을 유지했을 때의 승률 $P(C_1|M_3)$을 다시 계산하면 1/3이 나오므로 문을 바꿔야 한다는 결론이 나오죠. 참가자가 2번 문으로 바꾸었을 때의 승률

$$P(C_1|M_3) = \frac{P(M_3|C_1)}{P(M_3|C_1) + P(M_3|C_2) + P(M_3|C_3)}$$

$$= \frac{1/2}{1/2 + 1 + 0} = \frac{1}{3}$$

참가자가 1번 문을 유지했을 때의 승률(고전적 전략)

$$P(C_2|M_3) = \frac{P(M_3|C_2)}{P(M_3|C_1) + P(M_3|C_2) + P(M_3|C_3)}$$

$$= \frac{1}{1/2 + 1 + 0} = \frac{2}{3}$$

참가자가 2번 문으로 바꾸었을 때의 승률(고전적 전략)

$P(C_2 | M_3)$이 두 배가 되기 때문입니다.[3]

확률 사각형을 이용해 고전적 전략과 큰 번호 전략을 비교해볼 수도 있습니다. 참가자가 1번 문을 선택했을 때 3번 문이 열렸다면, 2번 문이 열리는 상황은 발생하지 않습니다. 따라서 큰 번호 전략에서는 가장 오른쪽의 영역이 사라지고, 1번 문 뒤에 자동차가 있을 확률을 사각형 넓이로 계산하면 다음과 같습니다.

큰 번호 전략에 따른 확률 사각형의 넓이입니다.

$$P(C_1 | M_3) = \frac{1/3}{1/3 + 1/3} = \frac{1}{2}$$

이처럼 사회자가 어떤 전략을 구사하는지, 참가자가 어떤 상황에 놓이는지에 따라 결과는 상당히 달라질 수 있습니다. 이러한 조건들을 명확하게 밝히지 않은 것이 사반트의 실수였다고 볼 수도 있겠습니다.

몬티홀 문제와 이와 관련된 후속 논쟁은 직관의 오류와 더불어 확률을 계산할 때 '조건'이 정말로 중요하다는 교훈을 줍니다. 그리고 이 교훈을 가장 깊이 받아들여 막대한 돈을 버는 곳이 있습니다. 바로 거대 IT 기업입니다.

OTT 전쟁에서
승리하는 법

2020년은 넷플릭스Netflix와 디즈니 플러스Disney+, 아마존 프라임Amazon Prime, 왓챠Watcha, 웨이브Wavve 등과 같은 OTTover the top의 춘추전국시대였습니다. 그리고 지금 이 글을 쓰고 있는 시점에서 넷플릭스는 이들을 압도해 가장 성공한 OTT 기업이 되었죠. 넷플릭스는 어떻게 치열한 경쟁을 뚫고 막대한 성공을 거두었을까요? 물론 스트리밍 서비스 시장의 선구자로서 훌륭한 콘텐츠를 생산하고 요금제를 개편하며 사용자 경험을 개선하기 위해 노력했기 때문이겠죠. 하지만 겉으로는 잘 드러나지 않는 넷플릭스의 성공 요인도 있습니다. 바로 사용자의 취향을 분석하는 데 넷플릭스가 전력을 다한다는 점입니다.

넷플릭스의 숨겨진 핵심 경쟁력은 바로 오랫동안 갈고 닦아온 추천 알고리즘 시스템입니다. 추천 알고리즘은 당신의 취향을 저격해서 오랫동안 넷플릭스에 머물게 합니다. 실세로 넷플릭스는 사용자가 특정 영상을 선택했을 때 그 영상을 좋아할 확률을 표시하고 사용자가 좋아할 만한 영상들을 목록으로 보여줍니다.

이러한 알고리즘은 온라인 쇼핑몰 플랫폼을 운영하는 아마존에서도 발견됩니다. 여러분의 검색 기록을 바탕으로 구미가 당길 만한 제품을 자동으로 추천하는 것은 그들의 아주 중요한 사업 모델이죠. 실제로 아마존 사이트에서는 특정 제품을 보면 관련된 제품이 하단에 나타납니다. 그리고 아마존이 운영하는 또 다른 사업이 아마존 프라임, 즉 넷플릭스와 동일한 비디오 스트리밍 서비스라는 점을 고려해본다면 기업이 큰 기회를 창출하는 데 추천 알고리즘이 얼마나 중요한 역할을 하는지 알 수 있습니다.

이처럼 추천 알고리즘은 기업의 수익과 직결되기 때문에 넷플릭스는 한때 영화 추천 알고리즘의 성능을 10퍼센트 향상시키는 팀에게 100만 달러를 상금으로 주는 넷플릭스 프라이즈^{Netflix Prize}를 열기도 했으며, 넷플릭스 리서치^{Netflix Research}라 불리는 알고리즘 연구 부서를 별도로 운영하기도 했습니다.[4] 넷플릭스는 단순히 콘텐츠를 만들고 유통하는 기업이 아니라 추천 알고리즘과 연계된 AI를 핵심 경쟁력으로 삼는 IT 기업인 것이죠.

넷플릭스와 아마존이 이렇게 중요하게 여기는 추천 알고리즘은 어떻게 작동하는 것일까요? 놀랍게도 이 알고리즘의 근간 중 하나는 바로 우리가 앞서 계속 이야기했던 베이즈정리입니다.

여러분은 방금 넷플릭스에 가입하고 프로필을 생성했습니다. 넷플릭스 서버는 당신이 무엇을 좋아하는지 아직 모릅니다. 이처럼 아무 정보도 없는 상태를 '콜드스타트[cold start]'라고 합니다. 그러니 넷플릭스는 여러분이 어떤 영화를 재밌게 볼 확률을 50퍼센트, 싫어할 확률도 50퍼센트라고 가정할 수도 있을 것입니다.

이제 여러분은 총 열 편의 영화를 넷플릭스에서 봤습니다. 그리고 생각보다 열정적인 시청자여서 보았던 모든 영화에 '좋아요' 또는 '싫어요'를 눌렀다고 해보죠.[+] 여러분은 다섯 편의 영화에 좋아요를 눌렀는데, 그중 세 편이 한국영화였습니다. 즉 좋아하는 영화 중 60퍼센트는 한국영화인 것이죠. 나머지 다섯 편의 영화에는 싫어요를 눌렀는데 그중 한 편이 한국영화였습니다. 싫어하는 영화 중 20퍼센트가 한국영화였던 셈입니다.

	좋아요(👍)	싫어요(👎)
한국영화(KR)	3	1
외국영화(NKR)	2	4

이제 넷플릭스는 여러분의 취향에 관해 정보를 얻었고, 어떤 영화를 추천했을 때 여러분이 그 영화를 좋아할 확률을 계산할 수 있

[+] 물론 시청자 대다수는 좋아요, 싫어요를 클릭하지 않습니다. 그래서 넷플릭스는 재미가 없어 10분만 보고 창을 닫아버리는 등 중도 이탈하는 행위들을 통해서도 나름의 판단을 내립니다. 하지만 여기서는 좋아요, 싫어요를 클릭해서 여러분의 취향을 판단할 수 있다고 해보겠습니다.

습니다. 넷플릭스는 여러분이 제공한 정보를 가로세로 길이가 1인 정사각형으로 매우 단순하게 요약합니다.

먼저 사각형의 가로 길이를 영화를 좋아할 확률과 싫어할 확률로 분할합니다. 최초에는 어떤 영화를 추천해도 좋아할 확률과 싫어할 확률이 같다고 가정했으므로 사각형의 가로 길이는 각각 0.5로 나뉩니다.

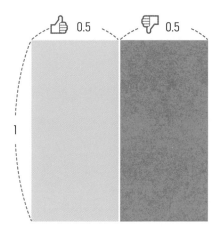

왼쪽 사각형의 세로 길이는 좋아하는 영화가 한국영화인지 아닌지로 분할됩니다. 앞서 제공한 정보에 따르면 0.6과 0.4가 되겠군요. 마찬가지로 오른쪽 사각형의 세로 길이는 좋아하지 않는 영화가 한국영화인지 아닌지로 분할됩니다. 여기서는 0.2와 0.8이 됩니다.

이제 네 개로 분리된 사각형의 넓이를 계산하면 각 상황의 확률을 구할 수 있습니다.

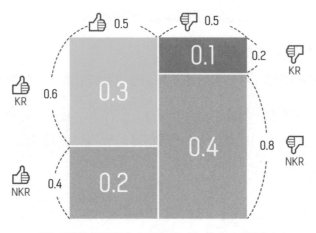

관심 영역은 한국영화에 해당하는 두 개의 사각형입니다.

이 사각형을 통해 넷플릭스는 여러분이 한국영화를 볼 때 좋아
요를 누를 확률이 75퍼센트에 달한다는 것을 알게 되었습니다.

$$P(\text{👍}|\text{KR}) = \frac{P(\text{👍}) \times P(\text{KR}|\text{👍})}{P(\text{👍}) \times P(\text{KR}|\text{👍}) + P(\text{👎}) \times P(\text{KR}|\text{👎})} = \frac{0.3}{0.3 + 0.1} = 0.75$$

넷플릭스는 이 데이터를 근거로 한국영화를 추천할 때, 여러분
이 그 영화를 좋아할 확률을 기존의 50퍼센트에서 75퍼센트로 갱
신합니다. 이렇게 데이터를 통해 바뀐 새로운 확률인 75퍼센트를
사후확률이라고 부를 수 있습니다. 따라서 넷플릭스 서버는 여러
분에게 한국영화를 더 많이 추천합니다. 이것이 베이즈정리를 활
용한 추천 알고리즘의 원리입니다.

여기까지는 앞에서 이야기한 베이즈정리의 예시들과 크게 다르지 않습니다. 그러나 추천 알고리즘에 베이즈정리를 도입하는 진짜 이유는, 베이즈정리가 새로운 정보를 통해 끊임없이 확률을 수정할 수 있기 때문입니다.

성공의 열쇠는
정보의 누적

넷플릭스에 있는 영화를 계속 시청하면 여러분의 섬세한 취향은 넷플릭스 서버에 누적됩니다. 여러분은 열 편의 영화를 더 보았고 그중 다섯 편의 영화에 좋아요를 눌렀습니다. 좋아요를 누른 다섯 편의 영화 중 네 편은 한국영화의 거장인 봉준호 감독이 만든 영화였다고 해보겠습니다. 즉 여러분이 새로 좋아요를 누른 영화의 80퍼센트는 봉준호 감독이 만든 영화였죠. 나머지 다섯 편의 영화에는 싫어요를 눌렀는데 그중 한 편이 봉준호 감독의 영화였습니다. 이제 AI는 당신이 봉준호 감독을 꽤나 좋아한다는 정보를 학습했습니다.

	좋아요(👍)	싫어요(👎)
봉준호 감독의 영화(B)	4	1
다른 감독의 영화(NB)	1	4

만약 한국영화이면서 봉준호 감독이 제작한 영화가 있다면 여러분은 이 영화를 얼마나 좋아할까요? AI는 베이즈정리에 힘입어 이 값을 정확하게 구해냅니다.[+] 넷플릭스 서버는 여러분이 한국영화를 좋아할 확률이 75퍼센트라는 것을 이미 알고 있습니다. 이를 확률 사각형으로 표현하면 다음과 같이 가로 길이가 0.75와 0.25로 나뉩니다. 이것이 새로운 사전확률입니다.

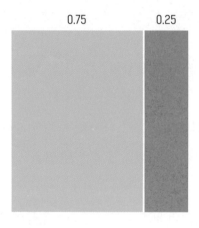

또한 넷플릭스 서버는 여러분이 좋아한 영화의 80퍼센트는 봉준호 감독이 제작한 영화고, 싫어한 영화의 20퍼센트가 봉준호 감독이 제작한 영화라는 추가 정보를 얻었습니다.

[+] 봉준호 감독이 한국영화의 호감도에 큰 영향을 준 감독 중 한 명인 것은 분명하지만, 이제 명실상부한 세계적인 감독이므로 봉준호 감독이 제작한 영화가 무조건 한국영화에 해당한다고 단정 짓지 않겠습니다. 다시 말해 여기서는 추천 알고리즘이 봉준호 감독과 한국영화를 연관 짓지 않는다고 순진하게 가정했습니다.

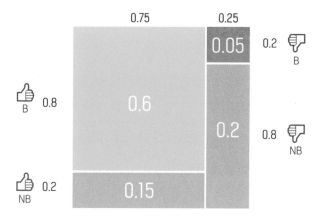

이제 넷플릭스는 한국영화이면서 봉준호 감독이 만든 영화를 여러분이 얼마나 좋아할지 계산해낼 수 있습니다. 그 값은 92.3퍼센트입니다.

$$\frac{0.6}{0.6 + 0.05} \approx 0.923 = 92.3\%$$

따라서 넷플릭스는 이 두 가지 조건을 만족하는 영화가 있다면 분명히 그 영화를 추천할 것입니다. 이처럼 베이즈정리를 이용한 알고리즘은 정보를 계속 학습하면서 정확도를 개선해갈 수 있는 강력한 장점이 있습니다. 이것이야말로 추천 시스템이 반드시 가져야 하는 덕목이죠.

물론 넷플릭스는 단순히 하나의 알고리즘을 사용하지 않고, 많은 알고리즘을 블렌딩blending해 사용하는 것으로 알려져 있습니다.

원두를 섞어서 향을 다양하게 만들 듯, 여러 알고리즘을 블렌딩하면 더 나은 추천 시스템을 만들 수 있다는 것을 넷플릭스 프라이즈를 통해 알아냈기 때문입니다. 또한 영화를 더욱 섬세하게 분류하기 위해 영화에 전문적으로 태그^{tag}를 다는 태거^{tagger}를 고용하기도 했습니다. 이렇듯 여러 알고리즘과 다양한 보완법을 사용하긴 하지만, 베이즈정리가 꽤 중요한 역할을 한다는 사실은 부정할 수 없습니다.

OTT 서비스 시장에는 수많은 업체가 뛰어들었습니다. 특히 디즈니 플러스는 막강한 콘텐츠 라인업을 자랑하며 넷플릭스를 위협하는 대항마로 여겨졌죠. 하지만 여러 스트리밍 업체가 시장에 진출했을 때 넷플릭스는 오히려 이런 스트리밍 전쟁이 자신들의 사업에 도움이 된다고 말했고 지금도 넷플릭스의 성벽은 꽤 견고해 보입니다. 이러한 자신감은 넷플릭스가 경쟁자들보다 훨씬 먼저 추천 알고리즘을 개발해 사용하고 AI에 관련된 핵심 인력을 보유하면서 수십 년간 시청자 데이터를 축적한 덕분입니다.[5] 이런 관점에서 본다면 넷플릭스의 진정한 경쟁자는 디즈니 플러스가 아니라 오히려 추천 알고리즘의 전통 강자였던 아마존 프라임이라고 볼 수도 있겠습니다. 그리고 우리는 넷플릭스를 통해 한 가지 사실을 확실하게 배울 수 있습니다. 수학을 잘 활용하면 정말로 큰돈을 벌 수 있다는 것입니다.

추천 알고리즘의
역설

베이즈정리를 비롯한 여러 추천 알고리즘은 기업의 흥망성쇠를 결정하는 중대한 열쇠입니다. 또한 이 알고리즘이 소비자에게도 막대한 영향력을 끼친다는 사실에 모두가 동의할 수밖에 없을 것입니다. 이미 우리는 수많은 추천 서비스에 노출된 채 일상을 보내고 있습니다. 유튜브에서 한 주제의 영상을 보고 나면 그 이후부터 관련 주제를 다룬 영상이 쏟아져나오고 인스타그램의 스토리를 넘기다 보면 내가 관심 있어 했던 분야의 광고가 등장해 '더 알아보기'를 누르고 싶은 유혹에 빠져들죠. 심지어 누군가의 취향을 알고 싶다면 그 사람의 유튜브나 인스타그램의 메인화면을 보면 된다는 농담이 나올 정도로 추천 알고리즘은 생활 전반에 깊이 스며들어 있습니다. 그리고 그 이면에는 추천을 고도화하기 위해 사용자 정보를 광범위하게 수집하는 거대 IT 공룡들이 있습니다. 인류에게 편리함을 약속한다는 슬로건으로 그러한 활동들을 정당화하면서 말입니다.

하지만 편리함이 커질수록 위험은 배가되는 법입니다. 추천 알고리즘은 나의 취향을 분석해주는 보조적 도구 정도로 보이지만 언제부턴가 내 취향을 추천 알고리즘에 의탁하는 모습을 발견하기 때문입니다. 기존에 소비자는 '선택'할 수 있기 때문에 주도권을 가지고 있었지만, 지금은 추천 알고리즘을 통해 제품과 콘텐츠가 눈

앞에 '먼저 등장'해 여러분의 마음을 온통 뒤흔들어 놓습니다. 이때 우리는 스스로 결정할 능동적인 권리를 포기하고 수동적 편리함을 추구하고 싶은 욕망에 사로잡힐지도 모릅니다. 심지어 알고리즘이 추천해준 제품을 구매하면서도, 내가 선택해서 구매한 것이라 착각할 수도 있죠. 이렇게 추천 알고리즘을 이용한 모든 서비스는 소비자의 의사 결정권을 매우 부드러운 방식으로 빼앗을 수 있습니다.

추천 알고리즘은 기존 소비자 행동의 패러다임을 완전히 바꿔버리는 매우 파괴적인 기술이고, 이를 마음대로 설계할 수 있는 IT 기업은 막대한 힘을 거머쥐는 것이나 마찬가지입니다. 예를 들어 추천 목록에 특정 광고나 콘텐츠를 더 많이 노출하는 것도 가능합니다. 그러나 소비자는 자신의 특정한 취향으로 인해 어떤 콘텐츠나 광고를 보게 되었다고 생각할 수도 있겠죠. 특히 구글 서치와 같은 고전적 검색 엔진이 AI 챗봇으로 대체되는 현재의 추세를 고려하면, 미래에 추천 알고리즘은 더욱 큰 영향력을 갖게 될 것입니다. GPT와 같은 챗봇에 '사람들이 가장 만족해하는 청소기를 추천해줘'와 같은 질문을 던졌을 때, 챗봇의 설계자는 특정 제품을 추천 상위 목록에 노출되도록 의도적으로 조작할 수 있습니다. 그리고 소비자는 이를 알지 못한 채 챗봇이 그저 자신의 질문에 관한 최적의 답을 찾아냈다고 생각할 것입니다. 법적 규제가 존재하지 않는 한, 기업이 특정 알고리즘을 자사의 이익이 되도록 설계하지 않을 이유는 없습니다. 이런 면에서 알고리즘을 설계하는 공학자는 상당히 높은 윤리의식을 가져야 하는 직업이 될 것입니다.

그렇다면 추천 알고리즘이 '윤리적'으로 설계된다면 아무런 문제가 없을까요? 최근 몇 년 사이 벌어진 일련의 사건과 논쟁을 보면 그렇지 않아 보입니다. 제기되는 다양한 혐의 중 하나는 추천 알고리즘이 사용자의 '확증 편향'을 강화할 수 있다는 의심입니다.[6] 사회 각계각층이 갖고 있는 다양한 견해를 수렴하는 과정은 지난하고 고통스러운 일이지만 내 생각과 반대되는 의견을 듣고 차이를 인식하는 것이 민주사회로 나아가기 위한 첫걸음입니다. 그러나 추천 알고리즘은 본질적으로 사용자가 좋아할 콘텐츠를 기계적으로 선별해 나열할 따름입니다. 따라서 추천 알고리즘의 개인화가 여러 목소리를 원천적으로 차단하고, 나의 의견만을 강화하는 콘텐츠를 보여줘 정보의 양극화를 심화시키는 것이 아니냐는 우려가 점점 커지고 있죠. 추천 알고리즘에 지나치게 익숙해져 정보를 비판적으로 바라보는 능력을 쉽게 상실할 수 있는 현시대에는 이것이 우려가 아니라 현실이 될지도 모를 일입니다.[7] 알고리즘의 무작위성을 강화하면 해결되는 게 아닌가 하는 생각이 들 수도 있겠지만 바람직한 무작위성의 정도가 얼마여야 하는지 결정하는 것 역시 쉽지 않습니다.

추천 알고리즘이 다양성을 떨어뜨리는 특성은 콘텐츠 영역에서도 두드러집니다. 유튜브, 인스타그램과 같은 콘텐츠 플랫폼은 유용한 콘텐츠를 제공하면서도 최대한 많은 사람을 오랜 시간 플랫폼에 체류하도록 해 광고에 노출시키기를 원합니다. 이 목적을 달성하기 위해 플랫폼 사업자는 각 개인이 좋아할 만한 콘텐츠를 선별하기도 하지만, 때로는 '가장 많은 사람이 시청한 콘텐츠'를 추천 목록에 포함하도록 설계할 수도 있습니다.

유튜브는 '크리에이터에게 알고리즘은 시청자에게 달려 있다'라고 공공연하게 말합니다.[8] 많은 사람이 많은 시간을 들여 시청하는 영상을 더 많은 사람에게 노출한다는 것이죠. 이것은 틀린 이야기가 아닙니다. 그러나 소규모 영상 제작자, 블로거, 작가부터 영화감독에 이르는 콘텐츠의 생산자는 알고리즘의 최상단에 노출되는 것이 성공에 얼마나 중요한지 알고 있으므로, 자신의 콘텐츠를 추천 알고리즘에 유리한 방식으로 제작해야 한다는 압박을 받을 수밖에 없습니다. 이런 환경에서는 독창적인 콘텐츠가 만들어지는 것이 아니라, 이전에 성공했던 포맷을 복제한 콘텐츠가 양산되는 현상이 일어나게 됩니다. 과연 우리의 취향을 충족시켜줄 독창적이고 다양한 콘텐츠들이 계속해서 만들어질 수 있을지 지켜봐야 할 일입니다.

지금까지의 이야기를 통해 추천 알고리즘의 원리를 알아야 하는 주체에 IT 기업에 종사하는 개발자뿐 아니라 우리와 같은 평범한 사람들도 포함되어야 한다는 데 동의해주시면 좋겠습니다. 추천 알고리즘과 같은 강력한 기술이 올바른 방향으로 나아가도록 하려면 소수의 사람이 결정권을 휘두르는 것이 아니라, 시민사회 전체가 이 기술의 작동 방식을 이해해야만 목소리를 보낼 수 있기 때문입니다.

빈도주의 대 베이즈주의

수학이 불확실성을 다루는 방법

우리는 일상생활에서 여러 가능성을 따져보곤 합니다. 냉장고 구석에서 꺼낸 케첩의 유통기한이 세 달이 지난 것을 보고 아직 안 상했을 거라고 막연하게 긍정하거나, 비가 부슬부슬 내리는 아침 풍경을 맞이하면서 오후에는 맑아질 것 같다고 생각할 수도 있죠. 이 생각들은 모두 불확실성에 기인한 것입니다. 만약 어떠한 사건이 확실히 일어난다면 그 가능성에 대해 따질 필요가 없겠죠. 하지만 우리의 일상에서 확실한 사건은 생각보다 많지 않기에 우리가 다루는 대부분의 사건은 불확실성과 떼려야 뗄 수 없는 관계에 놓여 있습니다.

수학은 이런 불확실성을 확률이라는 언어로 다룹니다. 유통기한이 지난 케첩이 상하지 않았을 확률을 0.6이라 추정하거나 오후에 비가 갤 확률을 0.75로 판단하는 식이죠.

이러한 확률을 바라보는 수학적 관점은 크게 두 갈래로 나뉩니다. 하나는 앞에서 살펴본 베이즈정리와 관련된 '베이즈주의 bayesianism'고 다른 하나는 '빈도주의frequentism'입니다. 과거에는 빈도주의적 관점이 주류였지만 시간이 지남에 따라 계산 기법이 발전하면서 베이즈주의가 점차 주목받고 있습니다. 지금부터 두 관점에 어떠한 차이가 있는지 가볍게 살펴보겠습니다.

두 친구가 살짝 구부러진 동전을 보고 설전을 벌이는 상황을 가정해보겠습니다. 한 친구는 "이 동전을 던졌을 때 앞면이 나올 확률은 0.5야"라고 말했지만, 동전이 약간 구부러진 것을 알아챈 다른 친구는 "앞면이 나올 확률은 0.55 정도 될거야"라고 말했죠.

먼저 이 사건을 빈도주의적 관점으로 바라보겠습니다. 빈도주의적 관점은 그 자체의 표현에서도 드러나듯이 '빈도'가 확률 계산의 핵심 역할을 합니다. 따라서 빈도주의는 무정합니다. 그저 이 동전을 계속 던져 앞면이 나오는 횟수를 셀 뿐이죠. 만약 100번 던져 앞면이 65번 나왔다면 그 시점에서 앞면이 나올 확률은 0.65가 됩니다. 여기서 그치지 않고 900번을 더 던져 총 1,000번 중 앞면이 550번 나왔다면 확률은 0.55로 수정됩니다. 이런 식으로 같은 조건에서 동전을 반복해 던졌을 때 나오는 앞면의 횟수를 총 던진 횟수로 나눈 값이 빈도주의자가 말하는 앞면이 나올 확률입니다. 빈도주의자는 동전의 앞면이 나올 확률은 '이미' 정해져 있고, 동전을 계속 던질수록 그 숫자에 가까워진다고 생각합니다.

반면 베이즈주의적 관점은 주관적인 생각이 매우 중요한 역할을 합니다. 베이즈주의적 관점에서 확률이란 그 사건이 일어날 것이라 믿는 정도, 다시 말해 신뢰도$^{degree\ of\ belief}$이기 때문입니다. 따라서 베이즈주의 신봉자에게 구부러진 동전에 불확실성이 있는 이유를 물어본다면 아직 그 동전을 잘 모르기 때문이라고 답할 것입니다. 앞선 설전에서 두 친구는 동전에 관해 각자 갖고 있는 나름의 믿음으로 앞면이 나올 확률을 각각 0.5, 0.55라 생각했습니다. 이 믿음은 베이즈정리의 사전확률에 반영되며 새로운 정보가 주어지면 사후확률로 갱신되겠죠.

이 경우에는 조금 독특한 사전확률을 생각해볼 수 있습니다. 헷갈릴 수 있겠지만, '내가 생각하는 확률이 맞을 확률'을 사전확률로 설정해봅시다. 확률의 확률인 셈입니다. 예를 들어 '내가 생각하는 확률 0.5가 맞을 확률'을 사전확률로 설정할 수 있죠.

동어 반복으로 오는 혼란을 막기 위해, 동전을 던져 앞면이 나올 확률을 p라고 해봅시다. p는 한 친구가 주장한 대로 0.5일지 또는 다른 친구가 주장한 0.55일지 모릅니다. 따라서 이유 불충분의 원리에 따라 각 p가 옳을 사전확률을 0.5로 설정합니다. 만약 한 친구가 주장한 대로 p가 0.5라면 동전의 앞면과 뒷면이 나올 확률이 0.5로 같을 것입니다. 다른 친구가 주장한 대로 p가 0.55라면 동전의 앞면이 나올 확률은 0.55, 뒷면이 나올 확률은 0.45가 되겠죠.

베이즈주의자라면 이 문제를 앞서 이야기했던 확률 사각형으로 해결할 수 있습니다. 확률 사각형의 가로 길이는 동전이 구부러진 정도에 관해 두 친구가 가진 믿음에 따라 분할되고, 세로 길이는 동전을 던졌을 때 앞면 혹은 뒷면이 나올 확률로 분할됩니다. 이때 동전을 던져 앞면이 나왔다면, 앞면이 나올 확률에 해당하는 사각형만 남겨둠으로써 각 p의 사후확률을 다음과 같이 구할 수 있습니다.

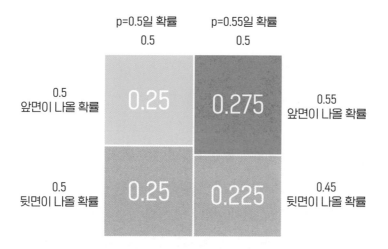

이를 계산해보면, 'p가 0.5일 확률'은 0.5에서 0.48로 낮아지고 'p가 0.55일 확률'이 0.5에서 0.52로 높아진 것을 확인할 수 있습니다. 즉 이 동전의 앞면이 나올 확률이 0.55가 맞다고 이전보다 2퍼센트포인트만큼 더 강하게 주장할 수 있는 것입니다.

앞면이 나왔을 때, p가 0.5일 확률:

$$\frac{0.5 \times 0.5}{0.5 \times 0.5 + 0.5 \times 0.55} = \frac{0.25}{0.25 + 0.275} \approx 0.48$$

앞면이 나왔을 때, p가 0.55일 확률:

$$\frac{0.5 \times 0.55}{0.5 \times 0.5 + 0.5 \times 0.55} = \frac{0.275}{0.25 + 0.275} \approx 0.52$$

여기서는 이해를 돕기 위해 p를 0.5와 0.55, 두 가지로 두었지만 p가 가질 수 있는 값은 무수히 많습니다. 다양한 수를 두고 경쟁하는 p들 중 베이즈정리에 따라 사후확률이 높은 p를 더 신뢰하게 되는 것이죠. 동전을 여러 번 던지면 각 p의 사후확률은 지속적으로 갱신되고 나중에는 사후확률이 가장 높은 특정 p가 드러납니다. 하지만 여전히 p가 동전의 앞면이 나올 확률이라고 100퍼센트 단정할 수는 없습니다. 그저 해당 p에 대한 믿음이 매우 높은 상태일 뿐이죠. 빈도주의적 관점은 동전의 앞면이 나올 확률 p가 특정 값으로 고정되어 있어 반복 시행을 통해 p에 가까워지는 것이라면, 베이즈주의적 관점은 수없이 많은 p 중에서 가장 신뢰도가 높은 p를 택하는 것이라 할 수 있습니다.

　베이즈주의적 관점은 처음 들었을 때 약간 생소할 수도 있습니다. 하지만 우리가 불확실성을 가늠하는 과정과 베이즈주의적 관점은 상당히 비슷합니다. 반복해서 일어나는 사건에 관해서는 빈도주의만큼 완벽한 확률 계산법도 없지만, 일상에서는 빈도주의적 관점에 필수적인 '같은 조건의 수많은 반복'이 불가능한 경우가 대부분이기 때문이죠. 어설픈 빈도주의자는 아침에 비가 내린 100일 중 오후에 비가 그친 날이 30일이었다고 말하며 확률을 계산하려 하겠지만, 사실 비가 내린 날 습도, 온도, 바람, 계절 등의 조건은 매일 달랐을 것입니다. 베이즈주의자는 이 문제를 인정하고 새롭게 주어지는 정보를 파악해 그 전에 갖고 있던 믿음의 정도를 조금씩 갱신합니다.

사전확률의 역할이 매우 크다는 점에서 베이즈주의적 관점은 불리하게 작용할 수도 있습니다. 만약 내가 최초에 갖고 있던 믿음이 터무니없는 숫자였다면, 새로운 정보가 오랫동안 추가되지 않을 경우 말도 안 되는 확률에 오랫동안 머무를 수밖에 없죠. 따라서 빈도주의와 베이즈주의 모두를 이해하고, 의사결정 과정에 무엇을 수용할지 선택하는 것이 중요합니다.

나이브 베이즈
조건이 여러 개일 때의 사후확률

앞서 두 가지 조건이 하나씩 순차적으로 적용되는 과정을 영화 추천 알고리즘에서 살펴본 바 있습니다. 본문에서 따로 언급하지 않았지만 하나의 조건이 아닌 여러 조건을 고려해 사후확률을 갱신하는 방법을 '나이브 베이즈Naïve Bayes'라고 부릅니다. 이때 여러 사건이 서로 관련이 없다고 가정하는 것이 중요합니다. 한국영화 인지 여부와 봉준호 감독 작품인지 여부가 연관되어 있지 않다고 순진하게 가정한 것처럼 말이죠. 이를 조건의 '독립성'을 가정한 다고 합니다.

왜 나이브 베이즈는 사건들이 서로 관련이 없다고 순진하게 전제해야 할까요? 나이브 베이즈에는 여러 조건이 함께 일어날 확률을 계산하는 과정이 포함되어 있습니다. 이때 조건의 독립성을 가정하면 여러 사건이 동시에 일어날 확률을 각 사건의 확률을 곱해서 간단히 구할 수 있습니다. 예를 들어 동전의 앞면이 나올 확률이 1/2이고 주사위 눈이 2가 나올 확률이 1/6이라면, 동전의 앞면과 주사위의 2가 동시에 나올 확률은 $\frac{1}{2} \times \frac{1}{6}$, 즉 $\frac{1}{12}$로 계산됩니다. 이는 동전을 던지는 것과 주사위를 던지는 것이 서로 관련성이 없다는 것, 다시 말해 서로 독립적이라는 것을 반영한 결과죠. 만약 여러 사건이 서로 관련되어 있다면 이 사건들이 동시에 일어날 확률을 계산하는 것은 매우 복잡한 일이 됩니다.

이제 본문에서 제시한 두 가지 조건을 한 번에 고려해 나이브 베이즈를 적용해보겠습니다.

	좋아요	싫어요		좋아요	싫어요
한국영화	0.6	0.2	봉준호 감독의 영화	0.8	0.2
외국영화	0.4	0.8	다른 감독의 영화	0.2	0.8

위 표는 넷플릭스 사용자가 한국영화일 때와 아닐 때, 봉준호 감독 영화일 때와 아닐 때 그 영화를 좋아할 확률과 싫어할 확률을 정리한 것입니다. 그리고 이 정보를 통해 다음과 같이 네 가지 경우를 생각해볼 수 있습니다.

- 한국영화, 봉준호 감독의 영화
- 외국영화, 봉준호 감독의 영화
- 한국영화, 다른 감독의 영화
- 외국영화, 다른 감독의 영화

이 네 가지 경우에도 각각 좋고 싫음이 있으므로 총 여덟 가지의 확률을 구할 수 있습니다. 그중 한국영화이면서 봉준호 감독의 영화를 좋아할 확률을 구해보죠. 표에 따르면 한국영화를 좋아할 확률은 0.6이고, 봉준호 감독의 영화를 좋아할 확률은 0.8입니다. 따라서 한국영화와 봉준호 감독의 영화를 함께 좋아할 확률은 단순히 두 확률을 곱한 0.48입니다. 두 사건의 독립성을 가정했기 때문이죠.

좋아요		
	한국영화	외국영화
봉준호 감독의 영화	0.48	0.32
다른 감독의 영화	0.12	0.08
싫어요		
	한국영화	외국영화
봉준호 감독의 영화	0.04	0.16
다른 감독의 영화	0.16	0.64

이제 확률 사각형을 통해 한국영화와 봉준호 감독의 영화를 함께 좋아할 사후확률을 쉽게 구할 수 있습니다.

먼저 이유 불충분의 원리에 따라 어떤 영화를 좋아할 사전확률과 싫어할 사전확률을 각각 0.5로 설정합니다. 그리고 앞의 표를 세로 길이로 설정해 사각형을 나누면, 총 여덟 개의 사각형으로 구획됩니다.

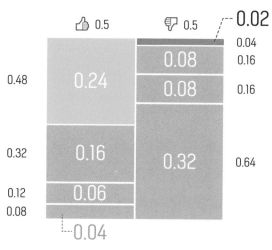

관심 영역은 왼쪽과 오른쪽의 주황색 사각형입니다.

이 중 한국영화이면서 봉준호 감독의 영화라는 조건에 해당하는 면적은 각각 0.24와 0.02의 합이며, 이 조건에 부합하는 영화를 좋아할 확률은 0.24/(0.24+0.02)≈0.923이 나옵니다. 이 값이 본문에서 순차적으로 구한 사후확률과 같은지 다시 확인해봐도 좋습니다.

## 5장

미래가 오는
패턴을 파악하라

사회의 진보 수준을 나타내는 척도부터

원자력 발전 그리고 팬데믹의 발생까지,

문명과 자연에는 다양한 **'패턴'**이 나타납니다.

이 패턴을 정확히 이해하고 해석할 수 있는 능력을 갖추지 못한다면,

여러분은 되돌릴 수 없는 실수를 저지르게 될지도 모릅니다.

반대로 이 패턴을 잘 알고 있다면,

원자폭탄의 아버지 오펜하이머가 느꼈을 전율에 공감할 것입니다.

SKUs의
변화

인류의 역사는
크고 작은 혁명의 연속이었습니다. 특히 산업혁명은 인류의 생활
수준을 폭발적으로 향상시켰죠.

만약 여러분이 선사시대에 살았다면 어떤 물건들이 필요했을까
요? 물고기를 잡기 위한 작살, 추위를 막아주는 옷가지, 여러분의
지위를 나타내는 조개 장신구 몇 개 정도면 충분했을 것입니다. 반
면에 현대사회는 우리가 아주 많은 것을 가져야 한다고 말합니다.
지금 여러분이 입고 있는 옷과 신발, 손에 들고 있는 책, 곁에 놓아
둔 스마트폰, 집에 있는 수많은 전자제품과 가구, 주차장에 세워둔
자동차까지, 우리는 이제 대량 소비 없이는 단 하루도 살아가기 어
려운 시스템 속에서 살고 있습니다. 이것이 산업혁명의 선물이든
소비의 저주든 인간의 삶이 산업혁명 이전보다 풍요로워진 것은
사실입니다.

문명의 발전과 풍요로움은 어떻게 측정할 수 있을까요? 유력한
후보는 한 시대의 문명이 갖고 있는 제품의 총 가짓수, 'SKUs[stock keeping units]'를 매년 세어보는 것입니다.

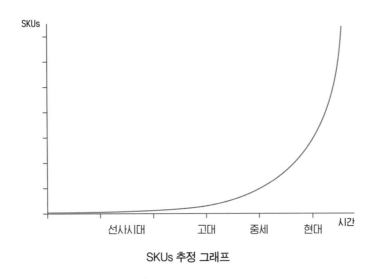

SKUs 추정 그래프

SKUs의 변화 양상을 나타낸 그래프는 많은 것을 말해줍니다.
인류가 전례 없이 빠른 성취를 이루었다는 것에 감탄할 수도, 앞으
로 얼마나 더 많은 발전이 일어날지 짐작할 수도 있겠죠. 하지만 이
제 정확한 SKUs를 측정하는 것은 사실상 불가능한 일이 되었습니
다. 오늘날에는 하루에도 수많은 제품이 새롭게 개발되고 사라집
니다. 이 모든 SKUs를 추적하기란 쉽지 않을뿐더러 효율적이지 못
한 일이죠. 또한 SKUs를 발전의 척도로 보기에는 무리일지도 모릅
니다. 옷 하나에 열두 가지 색상이 있다고 해서 문명이 '12'만큼 더

발전했다고 말할 수 있을까요? 얼두 가시 무늬를 새긴 접시를 출시하면 '12'만큼 더 풍요로워질까요? 그렇다고 말한다면 굉장한 비약일 것입니다.

그렇다면 현재 문명이 얼마나 빠르게 진보하고 있는지, 지난해보다 얼마나 나아졌는지 측정하는 건 불가능한 일일까요? 다행히 산업혁명 이후에 일어난 또 다른 사건, 정보혁명 덕분에 인류는 SKUs보다 훨씬 강력한 측정 수단을 갖게 되었습니다.

궁극의
연산 기계

정보혁명은 현시대에 일어난 인류사의 가장 큰 전환점입니다. 우리는 컴퓨터로 데이터를 정리하고 워드로 문서를 작성하며 엑셀로 온갖 계산을 해냅니다. 그리고 이제는 손바닥만한 스마트폰을 이용해 길을 걸으면서도 이 모든 작업을 할 수 있죠. 물론 이러한 정보화사회가 하루아침에 도래한 것은 아닙니다.

컴퓨터와 스마트폰이 아무리 똑똑해 보일지라도 그 본질은 결국 전기를 이용한 연산 기계입니다. 이 기계는 우리가 사용하는 언어를 이해할 수 없으며 오로지 전기의 켜짐과 꺼짐 상태만 인식할 수 있습니다. 따라서 기계가 이해할 수 있는 새로운 논리학을 먼저 만들어야 했습니다. 이 토대를 마련한 사람이 바로 조지 불$^{George\ Boole}$이라는 수학자입니다. 그는 0과 1만 이용한 이진논리$^{binary\ logic}$의 기본인 '불대수$^{Boolean\ algebra}$'를 창안해 인류를 진일보시켰습니다.

아주 간단한 예시 하나를 들어보면 이진논리는 어렵지 않게 이해할 수 있습니다. 여러분이 가로등의 작동을 설계하는 임무를 맡았다고 해봅시다. 가로등이 항상 켜져 있으면 전기를 낭비하므로, '빛이 없을 때 보행자가 다니면 등의 불을 켠다'는 명령어를 입력하고 싶을 것입니다. 그렇다면 조도 및 움직임 감지 센서를 가로등에 넣고 다음과 같이 0과 1의 이진 기호로 상태를 표현할 수 있습니다.

빛이 없다 0 / 빛이 있다 1
보행자가 없다 0 / 보행자가 있다 1
등을 끈다 0 / 등을 켠다 1

빛의 유무	보행자의 유무	등의 전원	입력 A	입력 B	출력 C
빛이 없다	보행자가 없다	등을 끈다	0	0	0
빛이 없다	보행자가 있다	등을 켠다	0	1	1
빛이 있다	보행자가 없다	등을 끈다	1	0	0
빛이 있다	보행자가 있다	등을 끈다	1	1	0

0과 1의 이진논리로 구현한 가로등 작동 알고리즘

여러분이 구현하고 싶은 논리 장치는 빛이 없고 보행자가 다녀야 불이 켜지는 가로등입니다. 다시 말해 A에 0이 입력되고 B에 1이 입력되면 C에 1이 출력되는 장치를 만들어야 하며, 그 밖의 입력에는 모두 0이 출력되어야 합니다. 이러한 이진논리를 구현한 것이 바로 '논리게이트^{logic gate}'이며, 논리게이트의 다양한 조합을 통해 온갖 논리연산을 수행해낼 수 있습니다.

여기서 가로등을 만들기 위해 필요한 논리게이트는 'NOT'과 'AND'이며, 이를 이용해 만든 '논리회로^{logic circuit}'는 아래와 같습니다.

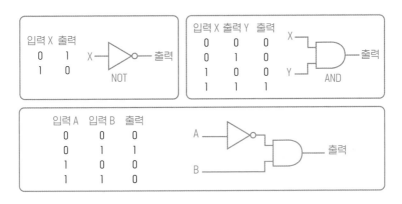

그리고 이러한 이진논리를 최초로 전기회로에 대응해 생각한 사람은 클로드 섀넌^{Claude Shannon}이었습니다.

> 조지 불이 창안한 논리 대수학은 논리적 관계를 조사하는 상징적 방법입니다. (…) 스위칭 회로의 계산과 기호 논리의 이 지점 사이에 완벽한 유추가 존재함이 분명합니다.
>
> – 클로드 섀넌[1]

1937년에 섀넌의 기념비적 논문 〈릴레이회로와 스위칭회로^{A symbolic}
analysis of relay and switching circuits〉가 발표된 지 10년이 지나고 벨연구소^{Bell lab}
의 학자들은 반도체를 이용해 전기신호를 증폭하거나 껐다 켤 수
있는 소형 부품 '트랜지스터^{transistor}'를 발명해냅니다.

반도체는 특정 상태에서 전기를 통하게 하거나 통하지 않게 만
들 수 있는 물질을 지칭하지만, 트랜지스터와 반도체는 동일한 의
미로 사용되기도 합니다. 최초의 트랜지스터가 나온 이후 반도체
제조기술은 혁신을 거듭해 현재는 0과 1의 전기 스위치 명령을 수
행하는 수많은 트랜지스터를 빛으로 새긴 실리콘웨이퍼^{silicon wafer +}가
반도체의 왕좌에 올랐습니다.

벨연구소에서 발명한 최초의 트랜지스터

첨단 반도체는 실리콘웨이퍼에 미세한 패턴으로 트랜지스터를 새겨서 만듭니다.

'칩chip' 또는 '다이die'라 불리는 실리콘웨이퍼는 현대사회를 단숨에 정보화사회로 도약시킨 기폭제가 되었습니다. 컴퓨터의 두뇌인 중앙처리장치central processing unit, CPU를 포함해 거의 모든 전자기기의 부품에 전방위로 활용되면서, 반도체는 국가의 전략 자산으로 분류되기에 이르렀습니다. 특히 2022년 조 바이든Joe Biden 대통령이 서명한 CHIPS 법안은 수천억 달러를 투자해 미국 내에 반도체 공장을 대규모로 구축하고 인력과 설비를 확충하는 내용을 담고 있습니다.[2] 그리고 고성능 반도체의 대중對中 수출을 강력하게 규제하며 패권 경쟁을 벌이고 있으니 바야흐로 반도체의 시대라 할 만합니다.

✦ 규소 결정을 원형으로 깎아낸 얇은 판을 말합니다.

진보의
속도

최초의 트랜지스터를 개발한 윌리엄 쇼클리[William Shockley] 아래에 있던 연구자 여덟 명은 이후 독립해서 '페어차일드 반도체[Fairchild Semiconductor]'라는 회사를 설립합니다. 페어차일드 반도체는 최초의 상업용 집적회로[Integrated circuit+]를 대량생산하는 데 성공하며 1960년대 IT 산업의 발전을 이끌었습니다.

초기 설립 멤버였던 로버트 노이스[Robert Noyce]와 고든 무어[Gordon Moore]는 페어차일드 반도체를 떠나 1968년에 다시 회사를 차립니다. 그 회사가 바로 현재 CPU 산업의 거물인 인텔[Intel]입니다.

고든 무어는 여러 면에서 실리콘밸리의 전설이라 해도 과언이 아닙니다. 최초의 상업적 집적회로를 출시한 페어차일드 반도체의 설립 멤버이자, 조금 힘이 빠지긴 했지만 여전히 칩 산업에서 선두를 달리고 있는 인텔의 창립자라는 타이틀을 갖고 있으니까요. 그러니 그의 말을 귀 기울여 들을 필요가 있습니다.

1965년 무어는 다음과 같이 매년 칩의 직접도가 두 배씩 증가한다고 주장했습니다. 1975년에는 이 주장을 조금 수정해 2년마다 두 배씩 늘어날 것이라고 했지만 여전히 파격적인 주장입니다.

+ 많은 종류의 전기소자를 하나의 칩에 패키징한 복합적 전자회로를 말합니다. 지금까지 반도체, 트랜지스터, 실리콘웨이퍼, 칩, 집적회로 등 많은 용어가 나왔으나, 최근엔 이 모든 용어가 비슷한 의미로 사용되는 경우가 많습니다. 이 책에서는 앞으로 '칩'이라는 단어를 주로 사용하겠습니다.

> 칩의 구성 요소 제조 비용이 최소가 되는 집적도는 매년 대략 두 배
> 의 비율로 증가합니다. 장기적으로는 이 증가율이 불확실하지만, 이
> 비율이 적어도 10년간 지속될 것으로 확신합니다. 곧 1975년에는 비
> 용이 최소인 집적회로 하나에 포함된 부품의 수가 6만 5,000개가 될
> 것입니다.
>
> -고든 무어[3]

무어의 친구이자 엔지니어, 과학자였던 카버 미드^{Carver Mead}는 무어
의 주장을 '무어의 법칙^{Moore's Law}'이라 지칭했고, 반도체 업계의 종사
자들은 이를 가이드라인처럼 받아들였죠.

무어의 법칙: 칩의 집적도는 2년마다 두 배씩 증가한다.

현대사회의 진보 수준은 컴퓨터의 데이터 처리 속도가 결정한다
해도 과언이 아닙니다. 이 속도를 결정하는 것이 바로 칩의 집적도
입니다. 집적도는 쉽게 말해 하나의 칩에 얼마나 많은 트랜지스터
가 있는가를 판단하는 척도입니다. 그런데 무어의 주장에 따르면,
칩의 집적도는 20년 후에 2를 열 번 곱한 값인 1,024(2^{10})배만큼 증
가해야 하고, 40년 후에는 2를 스무 번 곱한 값인 104만 8,576배만
큼 증가해야 합니다. 즉 40년 전에 칩 한 개에 트랜지스터를 1,000
개 넣을 수 있었다면, 지금은 같은 크기의 칩에 10억 개를 넣은 제

품이 나와야 한다는 것이죠. 이건 아무리 생각해도 달성하기 불가능해 보이는 수치입니다.

그렇다면 실제로 칩의 집적도는 얼마나 증가했을까요? 다음 그래프는 1971년부터 2019년까지 실제로 개발된 칩 한 개에 들어간 트랜지스터의 개수를 나타낸 것입니다.[4]

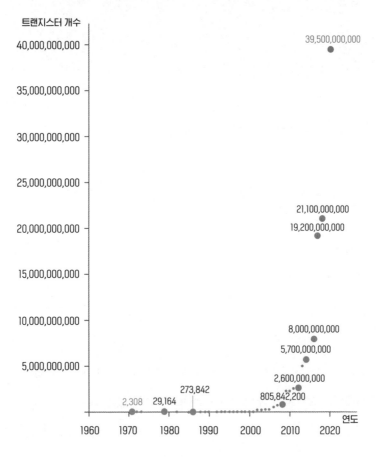

출시 연도에 따른 칩의 트랜지스터 개수

이 그래프는 칩 한 개에 들어가는 트랜지스터 개수가 얼마나 입도적으로 증가해왔는지 그리고 무어의 통찰력이 얼마나 훌륭했는지 보여줍니다.

조금 더 구체적인 숫자로 비교해보겠습니다. 1971년에 개발된 인텔의 칩인 'Intel 4004'에는 2,308개의 트랜지스터가 있습니다. 그리고 2019년 출시된 AMD[Advanced Micro Device]의 칩인 'EPYC Rome'은 395억 개의 트랜지스터를 갖고 있습니다. 즉 1971년부터 2019년까지 48년간 칩 하나에 들어가는 트랜지스터의 개수는 약 1,711만 4,384배 폭증한 것이죠.[+]

이 엄청난 증가세를 달성하려면 칩의 집적도가 몇 년마다 두 배씩 증가해야 할까요? 이 질문은 다음과 같이 간단한 방정식을 세워 미지수 x의 값을 구함으로써 쉽게 대답할 수 있습니다.

$$2^{48/x} = 17114384$$

이 방정식을 계산해 도출한 x의 값은 약 1.998입니다. 즉 처음부터 지금까지 반도체 개발의 역사를 돌아보았을 때, 실제로 칩의 집

[+] 여기서는 단순히 완제품 칩 하나에 존재하는 트랜지스터 개수를 나타냈습니다. 조금 더 공정하게 비교하고자 한다면 두 칩의 규격이 다르므로, 동일 면적 대비 트랜지스터 개수를 비교하는 것이 옳을 수도 있습니다. 그러나 불량이 없는 거대한 칩 하나를 만들어내는 것도 일종의 기술력이라고 본다면 아주 불합리한 비교라고 말할 수도 없을 것입니다.

적도는 약 2년마다 두 배씩 높아진 것이죠. 실제로 2년마다 칩의 집적도가 두 배씩 증가한다는 무어의 법칙은 실현되어 왔으며 지금도 유효합니다. 무어는 50년 후를 정확하게 내다본 것입니다.

그런데 과연 향후 50년도 무어의 법칙을 따르게 될까요? 그렇다면 50년 후의 인류는 지금보다 약 3,000만 배 더 강력한 컴퓨터를 가지게 됨을 의미합니다. 수많은 전문가의 마음속에는 이러한 성장이 없을지도 모른다는 의구심이 자리 잡고 있죠. 이 의구심의 이유는 잠시 뒤로 미루고 먼저 '지수'에 관해 이야기해보겠습니다.

지수란
무엇인가?

무어가 강력한 컴퓨터의 출현을 정확히 예견할 수 있었던 이유는 칩의 트랜지스터 개수가 일정한 비율로 증가하는 '지수적 패턴'을 보이고 있음을 누구보다 먼저 눈치챘기 때문입니다. 칩의 집적도가 2년마다 두 배씩 증가한다면, 4년 후에는 네 배, 6년 후에는 여덟 배, 8년 후에는 열여섯 배가 되고, 20년 후에는 1,024배가 될 것입니다. 이처럼 관찰하는 대상이 시간에 따라 일정한 비율로 증가한다면, 이를 지수적으로 증가한다고 말할 수 있습니다.

연도	트랜지스터 개수
n	A
n+2	A×2
n+4	A×2×2
n+6	A×2×2×2
n+8	A×2×2×2×2
n+10	A×2×2×2×2×2
n+12	A×2×2×2×2×2×2
n+14	A×2×2×2×2×2×2×2
n+16	A×2×2×2×2×2×2×2×2
n+18	A×2×2×2×2×2×2×2×2×2
n+20	A×2×2×2×2×2×2×2×2×2×2

20년간의 반도체 성능 향상

그런데 위와 같이 동일한 수를 곱하기 기호를 이용해 반복적으로 표현하는 것은 효율적이지 못합니다. 그래서 수학자들은 곱하기 기호를 이용해 동일한 숫자를 여러 번 쓰는 대신, 해당 숫자의 오른쪽 위에 몇 번을 곱했는지 작게 쓰자고 약속했습니다. 이때 여러 번 곱해지는 수는 '밑^{base}', 곱한 횟수는 '지수^{exponent}'라 부릅니다. 이 수학적 약속은 긴 곱셈 표현을 짧게 쓸 수 있기 때문에 아주 유용합니다.

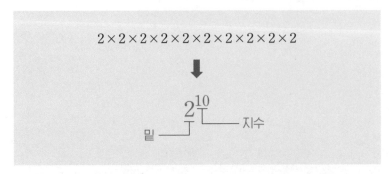

$$2 \times 2 \times 2 \times 2 \times 2 \times 2 \times 2 \times 2 \times 2 \times 2$$

$$2^{10}$$

밑 ── ⌐ ⌐ ── 지수

지수를 이용한 곱셈 표현으로 '2의 10승' 또는 '2의 10제곱'이라 읽습니다.

이 표현 규칙의 진가는 또 있습니다. 지수적 규칙을 따르는 수라면 굳이 이 수를 펼쳐 연산하지 않아도 된다는 점입니다. 예를 들어 1,024와 4,096을 곱한다고 생각해보겠습니다. 네 자릿수인 두 수를 곱하려면 여러 번의 곱셈과 덧셈이 필요합니다. 하지만 1,024와 4,096은 2라는 공통된 밑을 가지며, 각각 2^{10}과 2^{12}으로 표현할 수 있습니다. 따라서 이 두 수의 곱은 결국 2를 스물두 번 곱한 것이며, 단순히 지수를 더한 2^{22}로 표현이 가능한 것이죠. 나눗셈도 마찬가지입니다. 4,096을 1,024로 나눈 값은 바꾸어 표현하면 2를 열두 번 곱한 수를 열 번 곱한 수로 나눈 것입니다. 따라서 남는 것은 2를 두 번 곱한 수, 4입니다.

즉 상대적으로 복잡한 곱셈과 나눗셈도 지수의 세계에서는 좀 더 간단한 덧셈과 뺄셈으로 바뀌는 것입니다. 수학자들은 이처럼 지수적 성질을 가진 수의 연산 체계를 지수법칙^{laws of exponents}이라 부릅니다.

지수의 곱셈

$$1024 \times 4096 = 4194304$$

$$2^{10} \times 2^{12} = 2^{10+12} = 2^{22}$$

지수의 나눗셈

$$4096 \div 1024 = 4$$

$$2^{12} \div 2^{10} = 2^{12-10} = 2^{2}$$

지수의 곱셈과 나눗셈

지수에 관한 법칙과 패턴은 아주 쉬워 보이지만, 우리는 이런 패턴을 이해하는 데 취약해 실수를 범하곤 합니다. 지수적 패턴보다 선형적 패턴에 훨씬 익숙하기 때문이죠. 주의를 기울여 다음 질문에 대답해보겠습니다.

집 근처 연못에 연꽃 하나가 자라고 있습니다. 매달 연꽃의 수는 두 배 많아집니다. 즉 1개월 후에 연꽃은 두 개가 됩니다. 2개월 후엔 두 개의 두 배인 네 개가 됩니다. 그리고 6개월 후가 되자 연꽃은 연못의 절반을 뒤덮었습니다. 연못은 몇 개월 후에 모두 연꽃으로 뒤덮일까요?

이 질문의 답은 몇 개월일까요?[5] 선형적 사고의 함정에 빠지지 않아야만 올바른 결론을 낼 수 있을 것입니다.

오펜하이머가 놀란 이유

1939년 1월 29일, 미국의 물리학자 로버트 오펜하이머Robert Oppenheimer는 독일의 두 화학자 오토 한Otto Hahn과 프리츠 슈트라스만Friedrich Strassmann이 중성자를 이용해 우라늄 원자핵을 두 개로 쪼개는 실험에 성공했다는 소식을 들었습니다. 곧 오펜하이머는 이 현상이 끔찍한 결과를 낳을 수 있다는 것을 알아챘죠. 원자폭탄 개발의 신호탄은 이렇게 쏘아졌고, 그는 독일보다 더 빨리 이 무기를 개발하기 위해 미국이 임명한 과학 총책임자가 되었습니다.

> 10센티미터의 우라늄 중수화물 입방체는 지옥으로 향하는 엄청난 폭발을 만들어낼 것이다.
>
> – 로버트 오펜하이머[6]

오펜하이머를 포함한 당대의 물리학자들은 두 가지 이유 때문에 우라늄 원자핵이 쪼개진다는 사실로부터 강력한 폭탄을 떠올렸습니다. 첫 번째 이유는 우라늄 원자핵이 쪼개졌을 때 상당한 에너지가 방출된다는 것입니다. 그런데 대체 우라늄 원자핵이 어떻게 쪼개지며 에너지는 왜 방출되는 것일까요? 여기서 잠시 물리학 이야기를 할 기회가 생긴 것 같습니다.

우리는 전기차 배터리에 관련된 기사에서 '리튬' '납'과 같은 단어를, 북한의 핵무기와 관련된 기사에서 '우라늄' '플루토늄'과 같은 단어를 접합니다. 또 요즘처럼 불확실성이 큰 시기에는 안전 자산인 '금'에 투자하라는 말을 경제 기사에서 자주 보게 되죠. 여기서 나온 단어는 모두 세계를 이루는 물질인 '원소'의 종류입니다. 과학자들은 이 물질을 더 자세히 들여다본 결과 원소가 아주 작은 원자들의 집합으로 이루어져 있으며, 원자 역시 양성자proton, 중성자neutron, 전자electron와 같은 입자들로 구성되어 있음을 알게 되었죠. 예를 들어 리튬 덩어리는 수많은 리튬 원자로 이루어져 있는데, 리튬 원자 한 개에는 세 개의 양성자와 네 개의 중성자가 원자의 핵을 이루고, 양성자와 동일한 개수의 전자가 원자핵 주변을 돌아다닙니다.

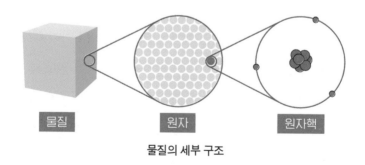

물질　　　원자　　　원자핵

물질의 세부 구조

원자의 중심에 존재하는 양성자는 전기적으로 양성(+)이기 때문에 이런 이름이 붙었습니다. 반면 중성자는 양성자와 비슷한 질량을 갖지만 양성자와 달리 전기적 성질은 없습니다. 전기적으로 중성이기 때문에 중성자라는 이름이 붙은 것이죠. 다만 원소의 이름과 화학적 성질은 원자핵에 존재하는 양성자의 개수가 결정합니다. 예를 들어 양성자가 세 개면 리튬, 82개면 납, 92개면 우라늄이라 할 수 있습니다. 양성자의 개수가 바로 원자 번호이며 이 번호에 따라 원소를 나열한 것이 바로 주기율표입니다.

중성자에도 자신의 역할이 있습니다. 원자핵에 양성자가 92개 있다면 그 원소는 분명히 우라늄이겠지만, 92개의 양성자만으로 우라늄 원자핵을 구성하는 것은 불가능합니다. 같은 전기적 성질을 가진 양성자만 모아놓으면 그 즉시 전기적 반발력인 전자기력electromagnetic force에 의해 산산이 흩어질 것이기 때문이죠. 이런 상황이라면 원자핵에 양성자 하나만 존재할 수밖에 없으며, 원소의 다양성이 존재할 여지가 없습니다. 다행스러운 사실은 두 입자가 아주 가까이 있을 때는 서로를 끌어당기는 매우 강한 힘인 핵력nuclear force도 존재한다는 것입니다. 다만 핵력이 작용하는 범위까지 두 양성자가 접근해 안정된 상태를 이루는 것을 전자기력이 방해하는 문제가 있습니다. 이때 등장하는 입자가 바로 중성자입니다. 중성자는 양성자 사이에 위치해 양성자 간의 전기적 반발력을 상쇄하고 강력한 핵력으로 가까운 입자들을 붙잡아두는 동시에 핵의 안정성을 유지해주는 역할을 합니다.

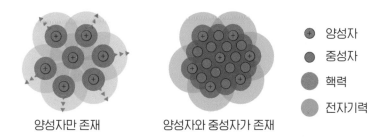

+	양성자
●	중성자
●	핵력
●	전자기력

양성자만 존재   양성자와 중성자가 존재

양성자는 전기적 반발 때문에 결속이 어렵습니다(왼쪽). 중성자는 전기적 반발을
상쇄하고 양성자와 함께 핵력으로 원자핵을 결속합니다(오른쪽).

　전자기력과 핵력의 존재는 우라늄과 같이 중심에 양성자가 많은
입자일수록 중성자도 많이 존재하는 이유를 설명해줍니다. 입자
내부에 양성자가 많아질수록 전기적 반발력은 커지는 데 비해, 핵
력은 너무 좁은 영역에서만 영향력을 행사할 수 있기 때문에 여분
의 중성자가 필요한 것이죠. 이렇게 힘이 상호작용하는 방식의 차
이로 인해 무거운 원소는 가벼운 원소보다 상대적으로 불안정합니
다. 따라서 92번 원소인 우라늄보다 더 큰 원소가 자연에서 안정된
상태로 존재하는 것은 드뭅니다.

　또한 동일한 원소일지라도 내부의 중성자 개수는 다를 수 있습
니다. 양성자의 개수는 같지만 중성자의 개수가 상이한 원소를 동
위원소라 부릅니다. 자연에 존재하는 우라늄의 99퍼센트는 양성자
92개와 중성자 146개로 이루어진 ^{238}U이며, 양성자 92개와 중성
자 143개로 구성된 ^{235}U는 1퍼센트 미만으로 발견됩니다. 같은 우
라늄이라도 갖고 있는 중성자 개수에 따라 원자핵의 안정성이 극

적으로 달라지기도 합니다.

이렇게 긴장 상태를 유지하는 우라늄 원자핵 중에서도 ^{235}U에 중성자를 충돌시키면 무언가 일이 벌어지는 경우가 많았습니다. 그리고 그 일을 명확하게 규명한 사람은 한때 오토 한, 프리츠 슈트라스만과 함께 연구를 진행했던 오스트리아의 물리학자 리제 마이트너Lise Meitner였습니다.

그녀는 원자핵이 표면장력으로 구의 모양을 유지하는 물방울과 비슷하다고 생각했습니다. 그리고 중성자가 이 거대한 물방울, 즉 우라늄 원자핵에 충돌하면 핵이 진동해 긴 원통 형태가 된다고 예상했습니다. 그렇다면 핵력은 아주 좁은 영역에서만 작용하기 때문에 양성자 간의 전기적 반발이 우세해져 원통의 양 끝은 서로 멀어지고, 멀어진 두 끝은 각각 핵력으로 묶여 두 개의 원자로 쪼개진다고 생각했죠. 양성자가 92개인 우라늄이 쪼개져 나온 부산물 중하나가 바륨(양성자 56개)이었다면, 나머지 파편의 유력한 후보는 자연스럽게 크립톤(양성자 36개)이 될 것입니다.

중성자 충돌　　　불안정성 증가　　　분리

마이트너가 생각한 원자핵의 물방울 모형

더불어 마이트너는 우라늄 원자핵이 크립톤과 바륨으로 쪼개신
다면, 양성자의 1/5개 수준에 해당하는 질량이 사라지는 질량결손
mass defect이 일어난다는 것 역시 인식했습니다. 그녀는 서른한 살에
들었던 아인슈타인의 강의를 떠올렸습니다. 그 강의는 $E = mc^2$에
관한 것으로, 질량과 에너지가 서로 교환 가능하다는 것을 알려주
었죠. 이 덕분에 마이트너는 우라늄이 붕괴할 때 사라지는 것처럼
보이는 질량이 에너지의 형태로 방출된다고 인식했고, 간단한 계산
을 통해 그 에너지가 약 2억 전자볼트임을 확인했습니다. 이는 일반
적인 화학반응에서는 얻을 수 없는 아주 큰 에너지에 해당합니다.

중성자로 우라늄을 쪼개면 강력한 에너지를 발생시킨다는 사실
을 알게 되었을 때, 과학자들은 한 가지 의문을 품게 되었습니다. 과
연 이 분열반응에서 중성자는 몇 개나 튀어나올 것인가였죠. 만약
중성자 한 개가 우라늄에 충돌했을 때 중성자 두 개가 부가적으로
튀어나온다면 이 중성자 두 개는 다시 우라늄에 충돌해 에너지를
생성합니다. 그리고 각각의 우라늄은 중성자 두 개를 부산물로 만
들어내고 이 반응은 우라늄이 사라질 때까지 계속될 것입니다. 이
러한 반응이 단 열 번만 일어나도 2억 전자볼트의 1,024(2^{10})배에
해당하는 에너지가 만들어집니다. 우라늄이 쪼개지며 생성되는 중
성자가 한 개보다 많다면 지수적 반응으로 막대한 에너지가 순식
간에 생산될 수 있는 것입니다. 이러한 '우라늄의 지수적 반응 가능
성'이 바로 과학자들이 강력한 폭탄을 상상할 수 있었던 두 번째 이

유였습니다. 실제로 우라늄이 분열되기만 한다면 평균 두 개 이상의 중성자를 방출하는 것으로 밝혀졌죠.

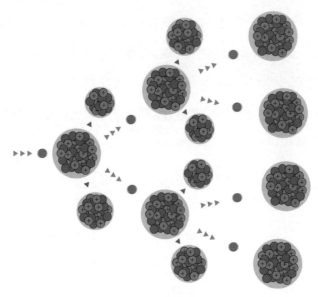

우라늄의 중성자 연쇄반응

하지만 우라늄 분열 과정에서 중성자가 한 개 이상 방출된다고 해서 반드시 연쇄반응이 지속된다고 보장할 수는 없습니다. 방출된 중성자가 우라늄과 충돌하지 않을 수도 있고, 충돌한다 하더라도 분열반응이 일어나지 않을 수 있기 때문입니다. 그래서 당시 물리학자였던 엔리코 페르미Enrico Fermi는 우라늄의 실질적 연쇄반응을 평가하기 위해 재생인자 k를 도입했습니다. k는 중성자 한 개가 평균적으로 만들어낸 2차 중성자의 개수입니다. 페르미가 1941년 수행했던 우라늄 실험에서 언은 재생인자의 값은 0.87이있습니다. 이는 1보다 작은 값이므로, 지속적인 연쇄반응을 일으키는 데 실패한 것이죠.

중성자 변환 중성자 흡수 중성자 반사

재생인자 k를 낮추는 요인들

만약 여러 문제를 해결해 k를 1정도까지 끌어올릴 수 있다면, 지수적으로 증가하지는 않더라도 우라늄의 분열은 유지되어 지속적으로 에너지가 생산될 것입니다. 이것이 원자력발전의 기본 개념입니다. 원자력발전은 오히려 k가 지나치게 커지지 않도록 통제해야만 합니다. 이 목표를 달성하기 위해 원자력발전소는 중성자를 흡수하는 능력이 큰 물질로 제어봉을 만든 다음, 적절한 때 삽입해 원자로의 열폭주thermal runaway를 막습니다.

이 개념을 최초로 실증한 사람 역시 페르미였습니다. 그는 1942년 미국 시카고대학교에서 k를 제어할 수 있는 인류 최초의 원자로 시카고 파일-1Chicago Pile-1, CP-1을 만들었죠. CP-1은 천연 우라늄의 분열 반응을 향상시키기 위해 흑연 블록을 쌓아 중성자의 속도를 늦추고, 카드뮴을 제어봉으로 사용했습니다. 페르미는 제어봉을 하나

페르미가 제작한 인류 최초의 원자로 CP-1

씩 빼내면서 CP-1의 k값을 1.0006까지 올림으로써 이 거대한 블록이 자발적으로 에너지를 생산하는 임계 상태에 도달했음을 확인한 후 다시 제어봉을 삽입해 실험을 마쳤습니다. 이를 지켜본 49명의 과학자들은 원자력발전의 서막이 열린 것을 기념하며 축배를 들었습니다.

반면 재생인자가 1보다 큰 장치가 있다면 '그 장치the Gadget'가 어떤 목적을 갖는지는 명확합니다. 이런 장치를 만드는 책임자였던 오펜하이머의 직함은 한때 '고속 분열 코디네이터coordinator of rapid rupture'였습니다. 중성자의 연쇄반응이 핵심인 원자폭탄을 총괄하는 사람에게 걸맞은 직함인 셈이죠. 그의 주도로 미국의 과학자들은 1을 초과하는 재생인자를 가지면서 정확히 원하는 때 충분한 연쇄반응이 일어나는 장치를 만들기 위해 최선을 다했고, 그 결과 원자폭탄 '리틀보이Little Boy'와 '팻맨Fat Man'이 탄생했습니다.

특히 팻맨은 k를 높이기 위한 공학자들의 해결책이 담긴 설계의 집약체였습니다. 팻맨은 핵분열 물질로 우라늄 대신 플루토늄을 구형으로 배치한 후, 그 바깥에 배치한 폭발물로 플루토늄을 순간적으로 압축시키는 '내파implosion' 원리를 사용했습니다. 플루토늄을 고도로 압축해 밀도를 높이면 중성자가 양성자로 변환되기 전에 플루토늄에 도달해 분열반응을 일으킬 확률이 높아지므로 재생인자 k를 극대화할 수 있죠.

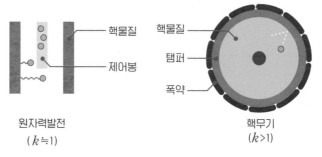

원자력발전
($k≒1$)

핵무기
($k>1$)

원자력 발전과 핵무기의 차이는 재생인자 k에 달려 있습니다.

또한 팻맨의 플루토늄 표면에는 중성자를 잘 반사하는 물질(주로 ^{238}U)이 코팅되었습니다. '탬퍼tamper'라 불리는 반사재 덕분에 중성자는 외부로 탈출하지 못하고 다시 안으로 튕겨져 들어와 미처 반응하지 못한 플루토늄과 충돌할 가능성이 높아집니다. 이 역시 재생인자 k를 극대화하기 위한 설계인 셈입니다.

이렇게 핵물리학의 황금기에 만들어진 리틀보이와 팻맨은 일본의 무조건 항복을 받아내며 제2차 세계대전을 끝냈지만, 국제사회를 전례 없는 새로운 위협인 핵무기 경쟁으로 이끌어낸 장본인이기도 합니다. 2023년 기준, 1만 2,500여기에 달하는 핵탄두가 중성자 연쇄반응을 기다리며 전 세계의 무기고에 잠들어 있습니다.[7] 1986년에는 7만 300기의 핵탄두가 있었으니 그나마 줄어든 양입니다만 여전히 지구에 사는 인류 전체를 끝장내기에는 충분한 양이므로, 핵무기 감축은 국제사회와 여러분이 끊임없이 관심을 기울여야 하는 의제입니다. 대한민국은 특히 이 문제에서 결코 자유로울 수 없는 지정학적 위치에 있습니다.

하지만 애석하게도 인류를 파괴할 만한 지수적 현상이 비단 핵무기에서만 나타나는 것은 아닙니다.

팬데믹의
조건

2020년 코로나19는 전 세계 사람들에게 쉽게 아물지 않는 상처를 남겼습니다. 보건과 의료의 수준이 전례 없이 높았는데도 왜 이런 대유행이 일어났을까요? 이 해답도 지수법칙에서 찾을 수 있습니다.

바이러스와 세균 그리고 인간에 이르기까지 어떤 생명체가 개체 수를 늘리려면 예외 없이 하나의 조건을 만족해야 합니다. 바로 자신이 죽기 전에 더 많은 후손을 만들어내는 것이죠. 특히 숙주에 기생해 생명을 이어나가야 하는 바이러스와 세균은 숙주의 몸에서 면역체계가 작동해 자신이 사멸하기 전에 다른 숙주로 옮겨가야만 하는 운명을 지니고 있습니다. 이러한 사실을 간파하고 전염병 확산에 관한 수학적 모델을 만들어낸 사람이 바로 조지 맥도널드^{George Macdonald}였습니다.

맥도널드는 스리랑카에서 모기를 연구했습니다. 정확히 말하면 모기가 아니라 모기와 인간에 기생하는 말라리아^{malaria}의 박멸법을 연구한 사람이죠. 말라리아는 아프리카 대륙 사람들을 끈질기게 괴롭히고 있는 질병으로, 2021년 한 해 동안 발생한 환자만 해도 2억 4,700만 명에 달합니다.[8] 한국은 비교적 말라리아 환자 발생률이 낮은 편이지만, 매년 400명 수준의 환자가 지속적으로 발생하고 있으므로 안심할 수 없습니다.[9]

말라리아는 모기로 전파됩니다. 모기가 말라리아 환자를 물면 말라리아 원충은 모기에게 넘어가고 이 모기가 새로운 사람에게 말라리아를 전달하면 감염자가 늘어나죠. 맥도널드가 스리랑카에서 측정한 바에 따르면, 말라리아 환자 한 명을 방치했을 때, 모기로 인해 새롭게 늘어나는 말라리아 환자의 수는 열 명이었습니다.

맥도널드가 관찰한 말라리아 확산의 메커니즘

　맥도널드는 이러한 관찰 결과를 토대로 '어떤 집단에서 최초로 감염자가 발생했을 때, 그 결과로 인해 생긴 2차 감염자의 수'가 중요하다는 것을 깨달았습니다. 그는 이러한 지표를 '기초감염재생산지수basic reproduction number', R_0로 정의했습니다.

R_0: 어떤 집단에서 최초로 감염자가 발생했을 때, 그 결과로 인해 생긴 2차 감염자의 수

　R_0는 어떤 질병이 전염병으로 확산될 가능성을 판단하는 아주 중요한 지표입니다. R_0가 2라면 한 감염자는 새로운 감염자 두 명을 만들어냅니다. 최초 감염자가 스스로 면역력을 획득해 질병의 원인이 되는 균을 없애버렸다 해도 여전히 감염자 두 명이 남죠. 그

감염자 두 명은 회복되기 전에 감염자 네 명을, 감염자 네 명은 다시 감염자 여덟 명을 만들어냅니다. 이는 무어의 법칙에서 본 지수적 패턴을 따릅니다. 그런데 만약 이 패턴의 주기가 무어의 법칙처럼 2년이 아니라 단 일주일에 불과하다면 1년 안에 얼마나 더 많은 감염자가 생겨날까요? 그렇기에 R_0가 10에 달하는 말라리아는 통제가 불가능한 전염병이었던 것입니다.

이처럼 지수법칙은 어떤 세균의 R_0가 1보다 크다면 그 균은 충분히 팬데믹을 일으킬 가능성이 있다고 알려줍니다. 1918년 유럽을 강타한 스페인독감의 원인균이었던 A/H1N1인플루엔자 바이러스의 R_0는 1.8이었고, 사스severe acute respiratory syndrome, SARS의 R_0는 3.0이었습니다.[10] 그리고 코로나19의 측정값은 1.5에서 6.6까지 다양했습니다.[11] 이제 여러분은 팬데믹의 발생 조건을 다음과 같이 수학적으로 쉽게 나타낼 수 있습니다.

$$R_0 > 1$$

1보다 작을 것인가, 클 것인가

그렇다면 어떻게 해야 강력한 전파력을 가진 바이러스를 막을 수 있을까요? 이 해답 역시 지수법칙에 있습니다. 일반적으로 R_0는 감염병의 전파율과 접촉률, 감염의 지속기간에 큰 영향을 받는다고 알려져 있습니다. 생각해보면 이 변수들은 바이러스나 세균에게 있는 고유한 수치가 아닙니다. 인류에게는 마스크를 착용하고 사회적 거리두기 캠페인을 벌이는 등의 노력을 기울여 감염의 확산을 방지할 능력이 있기 때문입니다. 이러한 요소들을 '확산 방지 효과의 비율(c)'이라는 상수로 종합한다면, 대유행이 시작될 당시 아무런 통제가 없는 경우의 기초감염재생산지수가 아니라 새로운 감염재생산지수를 계산할 수 있습니다. 이를 '효과감염재생산지수, R_e'라고 부릅니다.[+] 효과감염재생산지수는 감염병이 유행한 이후 우리가 어떻게 대응하는가에 따라 얼마든지 낮아질 수 있습니다.

$$R_e = R_0 \times (1-c)$$

R_e값을 낮추는 또 다른 방법으로는 백신 접종이 있습니다. 백신 접종으로 완전한 면역력을 획득한다고 가정했을 때, 백신을 접종한 인구 비율을 p라고 한다면 백신 접종으로 면역 획득까지 고려한 최종 R_e는 다음과 같이 나타낼 수 있습니다.

[+] 확산 방지 효과를 고려한 효과감염재생산지수의 영어 표기는 'effective reproduction number'입니다. 따라서 R_0가 아닌 R_e로 표기합니다. R_e는 R_t로 표기해도 무방합니다. R_t는 특정 기간에 측정한 재생산지수를 나타냅니다.

$$R_e = R_0 \times (1 - c) \times (1 - p)$$

방역의 목표는 효과감염재생산지수를 1보다 낮게 유지하는 것입니다. 만약 어떤 전염병에서 새롭게 측정된 값이 0.5라면 조금은 걱정을 덜어도 됩니다. 이 전염병에 걸린 사람이 열여섯 명이었다면 다음에는 여덟 명의 사람이 감염되고, 그 이후에는 네 명, 두 명, 한 명으로 줄어들어 더이상 전파되지 않을 것이기 때문입니다. 즉 R_e를 1보다 작게 만들 수 있다면 전염병은 언젠가 사라질 것입니다.

2020년 4월 중순, 한국의 질병관리본부는 코로나19의 R_e 값이 1 이하라고 발표한 바 있습니다. 이렇듯 전염병이 발생했을 때 특정 기간의 R_e를 끊임없이 갱신하는 것은 매우 중대한 사안이며, 이를 통해 방역의 효과를 평가할 수 있습니다.[+]

사회적 거리두기 등의 활동을 중단해도 질병이 확산되지 않으려면 얼마나 많은 사람이 면역을 획득해야 할까요? 한때 뉴스에서 코로나19의 확산을 방지하려면, 전체 인구의 70퍼센트가 바이러스에 감염되거나 백신 접종을 통해 면역력을 얻어야 한다는 보도를 내기도 했습니다. 이 70퍼센트라는 수치 또한 R_e를 통해 얻을 수 있

[+] 코로나19의 R_e를 0.7이라 두고, R_0를 3으로 가정한다면, 당시의 확산 방지 효과는 약 77퍼센트였다는 것을 알 수 있습니다. 당시 긴급승인되었던 화이자^{Pfizer}와 모더나^{Moderna}의 코로나 백신은 국내에서 2021년에 접종이 시작되었으므로 p는 0으로 가정했습니다.

습니다. 코로나19의 R_0를 약 3이라 가정해보겠습니다. 그리고 어떠한 방역활동도 하지 않는다면 확산 방지 효과의 비율인 c는 0이 됩니다.

$$R_e = R_0 \times (1 - c) \times (1 - p)$$
$$R_e = 3(1 - 0) \times (1 - p)$$

그렇다면 R_e는 R_0와 $1 - p$를 곱한 값이 되며 이 값이 1보다 작아져야 합니다.

$$1 > 3(1 - p)$$

이 간단한 부등식을 이항해 다시 나타내면, $p > 0.67$이라는 식으로 바꿀 수 있습니다.

$$1 > 3 - 3p \qquad p > \frac{2}{3}$$

즉 67퍼센트를 초과하는 인구가 면역력을 가진다면, R_e는 1보다 작아지므로 언젠가 전염병은 종식될 것입니다. 이처럼 R_e가 1보다 크면 지수적 증가로 인한 파괴적 팬데믹이 발생하고 1보다 작으면 팬데믹이 언젠가 종식됩니다. R_e에 함축된 지수법칙은 전염병의 위험을 경고하는 지표인 동시에 인류의 승리를 나타내는 지표이기도 한 셈입니다.

무어의 법칙은
끝났는가

반도체의 아버지라 불릴 정도로 놀라운 업적을 이룩하고 50년 후를 내다본 고든 무어는 2023년 3월 24일에 세상을 떠났습니다. 공고하게 자리를 유지하던 무어의 법칙 또한 위태롭다고 사람들은 말하고 있죠. 이 위기를 이해하려면 반도체가 지금까지 어떤 방식으로 발전해왔는지부터 이야기하는 것이 좋겠습니다.

누군가 여러분에게 엄지손가락 만한 크기의 종이와 보드 마커를 주고 종이에 가능한 많은 가로선을 그어달라고 요청했다고 생각해보죠. 분명 여러분은 직선이 겹치지 않게 주의하면서도 각각의 선들을 최대한 가깝게 그리려 노력할 것입니다.

간격을 좁히면 더 많은 직선을 그릴 수 있습니다.

하지만 종이에 그릴 수 있는 선의 개수를 결정하는 요소가 더 있습니다. 바로 선의 두께입니다. 보드 마커의 두께가 5밀리미터 정도로 매우 두껍다면, 여러분은 답답함을 느끼고 더 얇은 펜을 찾을 가능성이 높습니다. 제한된 공간 안에 많은 선을 그리고자 한다면 간섭이 일어나지 않을 만큼 좁은 간격을 유지하면서도 각 선의 두께는 최대한 얇아야 하기 때문입니다.

종이와 보드 마커를 건네준 사람이 얇은 펜으로 종이에 선을 그려도 좋다고 말한다면 가장 흔한 필기도구 중 하나인 0.5밀리미터 샤프를 사러 문구점으로 향할 것입니다. 운이 좋다면 0.3밀리미터 샤프를 발견할지도 모르죠. 이처럼 펜의 두께가 가늘수록 더 많은 직선을 그리는 것이 가능하지만, 극도로 얇은 펜을 제조하는 것은 고도의 기술력을 필요로 합니다.

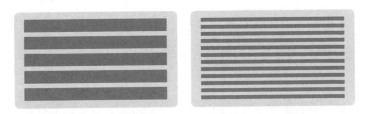

제한된 공간에 훨씬 더 많은 직선을 그리려면 선이 가늘어야 합니다.

여기서 한 가지 재미있는 질문을 해보겠습니다. 만약 기술력이 보장된다면 무한히 얇은 펜을 만들 수 있을까요? 아쉽게도 그럴 수는 없습니다. 샤프심이 종이 위에서 잘 미끄러지는 유용한 필기도구인 이유는 샤프심의 재료인 '흑연'이 가진 특성 때문입니다. 따라서 샤프심은 흑연이라는 최소한의 구조적 요건을 갖춰야 하므로, 무한히 얇은 샤프심을 만드는 것은 불가능합니다. 흑연의 결정 구조를 깨뜨리면 더 이상 샤프심이라 불릴 수 없죠.

지금까지의 이야기를 반도체 개발에 그대로 적용해보겠습니다. '샤프로 종이에 선을 그리는 것'을 반도체의 언어로 바꿔 말하면 '빛으로 웨이퍼에 패턴을 새기는 것'이라고 할 수 있습니다. 더 많은 트랜지스터를 칩에 새기려면 패턴의 폭이 더 좁아야 합니다.

선을 가늘게 그리려면 더욱 얇은 샤프심을 사용하면 됩니다. 그렇다면 웨이퍼에 폭이 더 좁은 전기회로 패턴을 새기기 위해서는 어떻게 해야 할까요? 그 답은 '최소선폭critical dimension, CD'을 결정하는 '레일리 기준Rayleigh criterion'이라 불리는 방정식에서 찾을 수 있습니다.

$$CD = k_1 \times \lambda \div NA$$

레일리 기준은 k_1, 람다(λ), NA라 불리는 세 변수의 곱과 나누기로 이루어진 단순한 방정식입니다. 이 방정식에서 가장 먼저 눈에 띄는 것은 빛의 파장을 나타내는 람다입니다. 이 값이 작을수록, 다시 말해 빛의 파장이 짧을수록 더 작은 전기회로를 구성할 수 있습니다. 더 짧은 파장의 빛을 사용하는 것이 더 얇은 샤프심을 사용하는 것과 대응하는 것이죠.

칩 개발의 역사는 짧은 파장의 빛을 생성하기 위한 기계를 만드는 역사와 맥을 같이해왔습니다. 칩에 패턴을 새기는 장비를 만드는 회사인 ASMLAdvanced Semiconductor Materials Lithography은 수은증기램프를

웨이퍼에 패턴을 새기는 ASML의 리소그래피 장비[12]

이용해 436나노미터[+] 자외선 파장의 빛을 만들어, 약 1,000나노미터 수준의 패턴을 새길 수 있는 장비를 최초로 만들었습니다. 더 짧은 파장의 빛을 이용해 칩의 집적도를 높이는 노력은 계속되어, 지금은 13.5나노미터의 파장을 이용해 3나노미터 수준의 칩을 만들어냅니다. 극자외선extreme ultraviolet, EUV으로 불리는 13.5나노미터 파장의 빛은 초속 70미터로 이동하는 지름 25 마이크로미터인 주석 방울을 레이저로 기화시켜 만들어냅니다. 이 장비를 개발하는 데 성공한 ASML은 칩에 패턴을 새기는 리소그래피lithography 장비 분야에서 독보적인 1위 기업이 되었습니다.

빛의 파장을 줄이는 데 한계에 봉착해 최소선폭을 더 낮출 수 없

+ 1나노미터는 0.000000001미터로, 머리카락 굵기의 10만 분의 1 수준입니다.

다면, 레일리 기준이 다른 두 가지 변수인 NA를 증가시키거나 k_1을 줄일 수도 있습니다.[13] 그러나 무한히 얇은 펜을 만드는 것이 불가능한 것처럼, 전기회로의 미세화 또한 근본적 한계가 존재합니다. 바로 '터널효과tunnel effect' 때문입니다.

전기의 흐름은 '전자'라는 입자의 흐름이고 칩에 패턴을 새기는 것은 이 전자가 흘러가는 길을 만들어주는 것입니다. 전자의 길이 넓다면 전자의 움직임을 예측하는 것은 어렵지 않습니다. 여기까지는 고전역학의 영역입니다. 그러나 공정이 미세화되면 양자역학이라는 새로운 물리학이 지배하는 영역에 들어서게 되고, 이 세계에서는 전자가 정해진 길을 이탈해 다른 곳으로 순간이동하는 것처럼 보이는 터널효과가 나타납니다. 이는 원하지 않는 영역에 전기가

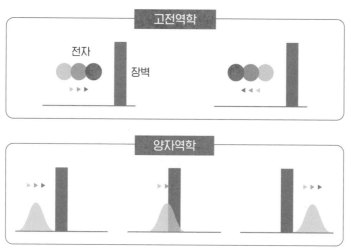

양자역학의 세계에서 전자는 장벽 너머로 이동할 '확률'이 있습니다.

흐르는 결과를 만들어내므로 소비 전력을 증가시키고 기계 오작동의 원인이 되죠. 이런 현상은 공정을 미세화할수록 심해집니다.

따라서 칩 제조사들은 이 문제가 일어나지 않도록 반도체의 구조를 변경하는 등 각고의 노력을 기울이고 있습니다. 이러한 가운데 설립자인 무어의 뒤를 이어서 인텔을 이끌고 있는 패트릭 겔싱어Patrick Gelsinger는 무어의 법칙이 여전히 살아 있으며, 반도체는 앞으로도 예측 가능한 수준으로 빨라지고 저렴해질 것이라고 주장합니다. 심지어 그는 인텔이 새로운 칩 패키징 기술을 이용해 적어도 2031년에는 무어의 법칙을 능가하는 '슈퍼 무어의 법칙'을 달성할 것이라고 공공연하게 말하죠. 그러나 반도체 부문 시가 총액 1위로 우뚝 선 기업 엔비디아의 최고경영자 젠슨 황Jensen Huang은 2022년에 무어의 법칙이 끝났다며 성능 향상에 따른 칩 가격 상승이 불가피하다고 주장하기도 했습니다.

50년이 지난 지금도 무어의 법칙을 세계적 기업의 수장이 여전히 언급하고 미디어에서 지속적으로 조명하는 이유는 무엇일까요? 아마도 이 법칙이 인류가 진보하는 속도를 설정했기 때문인지도 모릅니다. 무어의 법칙으로 대표되는 칩의 발전은 컴퓨터 속도를 빠르게 해줬을 뿐 아니라 우리의 삶을 더 근본적으로 변화시켰습니다. AI가 그 대표적인 예로, 인공신경망을 이용한 딥러닝이 도입될 수 있었던 것은 칩의 속도가 빨라진 덕분이었죠.

앞으로도 몇 년마다 칩의 집적도가 두 배가 되는지에 관한 질문은 유효할 것입니다. 우리의 다음 세대는 넷 년 만에 십석노 두 배를 이룩할 수 있을까요? 그에 따라 우리의 삶은 또 어떻게 변화할까요? 아니면 언젠가 미세화의 한계에 봉착해 더 이상 발전하지 않는 정적 세계가 도래하게 될까요? 현재 AI 데이터센터가 어떻게 구축되는지를 통해 우리는 이 답의 일부를 엿볼 수 있습니다.

AI를
'가속'하는 방법

그래픽처리장치graphic processing unit, GPU라는 새로운 종류의 칩이 도입되지 않았다면 지금의 성능을 가진 AI가 출현하기는 어려웠을 것입니다. 칩은 기능에 따라 로직칩logic chip, 메모리칩memory chip, + 주문형반도체application specific integrated circuit, ASIC, 시스템온칩

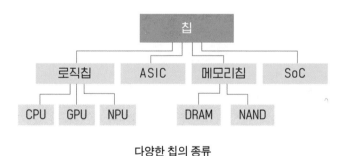

다양한 칩의 종류

+ 삼성, SK 하이닉스와 같은 국내 기업이 메모리칩의 대표 제조사입니다.

system on chip, SoC 등으로 나뉩니다.

특히 로직칩은 이전까지 컴퓨터의 두뇌에 해당하는 CPU를 지칭하는 용어였습니다. 하지만 최근 AI가 급부상하면서 GPU와 신경망처리장치 neural processing unit, NPU 등에 사람들의 관심이 몰리고 있죠.[+]

트랜지스터의 집적도 향상과 더불어 GPU라 불리는 칩의 개발은 AI 발전의 역사에서 극적인 전환점이었습니다. 원래 GPU는 게임과 애니메이션의 그래픽 연산을 위해 만들어진 장치였습니다. 게임과 애니메이션은 짧은 시간 내에 모든 픽셀이 계산에 따라 변해야 한다는 공통점을 갖고 있습니다. 이는 동시에 연산할 수 있는 능력을 요구하죠. GPU는 이런 '병렬 연산'에 특화된 제품이었습니다.

물론 CPU도 연산을 수행합니다. 하지만 CPU는 1,000개의 디저트 위에 체리를 얹어 손님에게 내보내야 하는 셰프의 처지에 놓여 있습니다. 체리를 디저트 위에 올리는 것은 아주 중요한 일이긴 하지만, 셰프가 직접 하나씩 섬세하게 체리를 올리다가는 메인 요리를 만들 시간이 부족해지므로, 이런 단순 작업은 차라리 종업원 열 명에게 맡기는 것이 낫습니다. CPU가 셰프라면 GPU는 체리를 올리는 디저트 전문 종업원 열 명에 해당하죠.

이러한 GPU의 연산 특성이 어떻게 AI 발전에 영향을 줬을까요?

[+] NPU는 딥러닝 어플리케이션에 특화된 신경 처리 프로세서를 지칭하며, GPU의 대안으로 최근 주목받고 있습니다.

이는 시금 AI 분야에 주로 사용되는 딥러닝의 작동방식을 생각해 보면 답이 나옵니다. 오픈AI의 GPT-4, 구글의 제미나이 등 거대 언어모델로 불리는 최신의 AI는 이름 그대로 엄청나게 거대한 인공신경망 모델을 갖고 있습니다. 여기서 '거대'하다는 것은 보통 인공신경망에 사용되는 '파라미터'의 개수를 의미합니다.

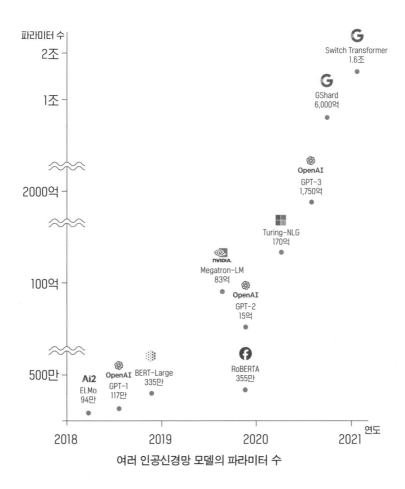

여러 인공신경망 모델의 파라미터 수

파라미터가 많아질수록 그만큼 더 큰 연산 능력이 요구되는 것은 당연한 일입니다. 다만 파라미터를 계산하는 것은 메인 요리가 아니라 디저트 위에 체리를 올리는 수준의 작업이죠. 이런 이유로 AI 연구자들은 GPU 병렬 연산을 인공신경망 모델에 활용하기 시작했습니다. GPU를 제작하는 기업 중 하나인 엔비디아 또한 자신들의 제품이 AI에 활용될 수 있음을 일찍이 알아채고, 신경망에 특화된 GPU 제품을 출시하기 시작했습니다.

인공신경망에 적용되는 파라미터의 개수는 빠르게 증가하고 있습니다. 앞에 제시된 차트는 여러 인공신경망 모델이 가진 파라미터 개수를 나타냅니다. 이 차트에서 GPT-1(117만 개)과 GPT-3(1,750억 개)를 단순 비교하면, 단 2년 만에 파라미터가 약 15만 배 늘었음을 알 수 있죠. 차트에는 없지만, 2023년 3월 출시된 챗GPT-4는 약 1조 7,000억 개의 파라미터를 갖고 있다고 알려져 있습니다. 이전 버전인 GPT-3보다 열 배 많은 파라미터를 가진 대형 언어모델이 2년 6개월 만에 출시된 셈입니다. 모델이 가진 파라미터의 수가 이렇게 급격히 증가한 이유는 칩의 공정 미세화만으로는 설명하기 어렵습니다. 무어의 법칙은 아무리 긍정적으로 보아도 1년에 두 배의 성장을 이야기하고 있으니까요.

그런데 종이에 더 많은 선을 그리는 방법은 하나 더 있습니다. 바로 큰 종이를 사용하는 것이죠. 칩의 미세공정을 통해 트랜지스터의 수를 늘리면 소비 전력을 줄이는 등 여러 장점이 있지만, 이것이

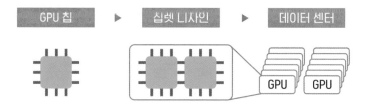

수많은 GPU 칩을 연결하면 대량의 파라미터로 빠르게 연산할 수 있습니다.

불가능하다면 칩의 크기 자체를 늘리거나 칩을 여러 개 연결해 규모의 경제를 달성하는 방법이 있습니다. 여러 개의 칩을 하나로 묶는 기술을 멀티칩모듈multi-chip-module, MCM이라 하며, 원활한 데이터 교환을 위해 칩 설계업체는 까다로운 기술을 개발해야 합니다. 엔비디아는 NV링크NVLink라는 칩간 통신기술을 개발했고, GPU 분산 네트워크를 위해 인피니밴드InfiniBand라는 기술을 도입했습니다. AMD 또한 인피니티패브릭Infinity Fabric이라 불리는 기술을 개발한 바 있습니다. 2024년에 엔비디아는 최대 10조 개의 파라미터를 지원하는 블랙웰Blackwell GPU의 출시를 예고했는데요. 블랙웰은 1,040억 개의 트랜지스터를 가진 단일 칩 두 개를 하나로 패키징해 2,080억 개의 트랜지스터로 묶은 다음, 이 GPU를 다시 여러 개로 연결해 병렬연산이 가능한 거대한 컴퓨터 집합을 만들 수 있습니다. 이것이 바로 현시대가 추구하는 '가속컴퓨팅accelerated computing'입니다.[+]

[+] 가속컴퓨팅이 장밋빛 전망만 보여주는 것은 아닙니다. 가장 큰 문제는 막대한 전력 소모에 따른 이산화탄소 배출입니다. 2,000억 개의 파라미터로 모델을 훈련하면 약 75톤의 이산화탄소가 배출되는 것으로 알려져 있습니다. 따라서 공정의 미세화 같은 전력 혁신이 반드시 동반되어야 합니다.

지금까지 정보화사회의 진보를 나타내는 척도가 무어의 법칙이었다면, 앞으로 출현할 AI 사회의 진정한 척도는 '파라미터의 법칙'이 될지도 모릅니다. 인간의 뇌에 존재하는 신경세포 간의 연결을 파라미터라고 가정한다면, 뇌는 100조 개의 파라미터를 가졌다고 할 수 있습니다. 이론상으로는 곧 뇌의 연결을 따라잡는 인공신경망 모델을 만들 수 있는 것입니다. 일부 사람은 인공신경망의 파라미터가 인간의 뇌를 능가하면 기계가 인간과 동일한 지능을 가질 수도 있다고 주장해왔습니다. 이 주장이 현실이 될지는 머지않아 알게 될 것 같네요.

트랜지스터의 집적도, 거대언어모델의 파라미터 개수는 불과 몇 년 만에 급성장해 그 흐름을 따라가기가 버거울 지경입니다. 칩의 트랜지스터는 48년 만에 2,308개에서 3,950억 개가 되었고, 파라미터의 수는 5년 만에 117만 개에서 1조 7,000억 개가 되었죠. 이렇게 어마어마한 숫자의 스펙트럼을 파악하려면 또 다른 수학적 도구가 필요합니다. 바로 '로그'입니다.

인체 감각의
전형적 패턴

사람의 감각기관은 놀랍도록 민감해서 사람은 피부에 가해지는 미세한 압력을 인지하며 어둠 속에서 희

미하게 반짝이는 빛도 볼 수 있습니다. 청력도 마찬가지입니다. 사람이 들을 수 있는 가장 작은 소리에너지를 1로 정한다면, 가장 큰 소리에너지는 1,000,000,000,000 정도입니다. 즉 사람은 1부터 1조에 이르는 아주 광범위한 소리의 에너지를 인지하는 셈이죠. 그래서 청력은 자신의 몸을 보호하는 주요한 수단입니다. 아주 작은 모기의 날갯짓부터 큰 폭발음에 이르는 소리를 들음으로써 위험을 즉시 인지할 수 있기 때문입니다.

동시에 청력의 민감성은 문제를 일으킬 가능성이 있습니다. 자동차 경적은 여름철 매미가 우는 시끄러운 소리보다 100배에서 1,000배나 더 큰 소리에너지를 갖습니다. 그렇다면 갑자기 울린 자동차 경적이 매미 우는 소리를 듣던 여러분에게 1,000배 더 큰 자극을 주게 될까요? 실제로 그런 일이 벌어진다면 자동차를 피하기도 전에 자동차 경적에 놀라 심장마비로 사망할지도 모릅니다. 청력은 바로 이 지점에서 딜레마에 빠집니다. 아주 작은 소리도 놓치지 않아야 하지만 오히려 아주 큰 소리를 들었을 때는 그 에너지에 비해 믿을 수 없을 정도로 둔감해져야 하죠. 즉 인지하는 감각의 세기가 실제 세계의 물리적 에너지에 비례하면 여러 문제가 생기므로, 감각은 실제보다 조금 더 둔하게 반응해야 합니다. 다행히 인류는 들어오는 정보(소리)를 선형적으로 처리하지 않도록 진화한 것으로 여겨집니다. 갑작스럽게 패닉에 빠지지 않기 위해 청각은 '소리의 실제 에너지'와 이를 '인지하는 감각의 세기'의 관계를 다음의

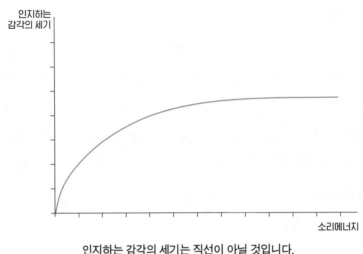

인지하는
감각의 세기

소리에너지

인지하는 감각의 세기는 직선이 아닐 것입니다.

그래프와 같이 받아들이고 있을지도 모릅니다.

청각뿐 아니라 대부분의 감각이 같은 방식으로 작동한다고 추정됩니다. 완전한 어둠 속에서 촛불 하나를 켰을 때는 그 차이를 즉각적으로 인식할 수 있지만, 초를 1,000개 켠 상태에서 하나를 더 켠다 해도 밝기의 차이를 인식하기는 어렵습니다. 이런 특성은 소비심리에도 적용됩니다. 저렴한 물건을 살 때는 1,000원의 가격 차이에도 민감하게 반응하지만, 5,000만 원처럼 비싼 제품을 살 때는 1,000원의 가격 차이를 신경도 쓰지 않죠. 심리학자인 에른스트 베버Ernst Weber와 구스타프 페히너Gustav Fechner는 이러한 사실을 일찍이 발견했습니다. 이는 '베버-페히너 법칙Weber-Fechner law'으로 불립니다.

베버-페히너 법칙: 인지되는 감각의 크기는 자극의 로그값에 비례한다.

거인을
난쟁이로 만들기

이렇듯 자연에서 측정하고 나타내야 하는 숫자들은 그 범위가 광범위한 데다가 너무 큰 숫자는 그 값이 얼마인지 짐작하기 어렵게 만듭니다. 따라서 규모가 큰 데이터를 나타내려면 효율적이고 경제적인 새로운 척도가 필요합니다. 이런 조건을 만족하는 수학도구가 바로 '로그'입니다.

로그라는 단어에 전혀 겁을 먹을 필요가 없는 이유는 여러분이 큰 수를 표현하기 위해 로그 체계를 이미 익숙하게 사용하고 있기 때문입니다. 여러분의 통장에 10억 원, 즉 1,000,000,000원이 있다고 생각해보겠습니다. 이 숫자를 친구에게 보여준다면 그 친구는 "대체 0이 몇 개야"라고 감탄할지도 모릅니다. 이처럼 아주 큰 숫자를 이야기할 때, 많은 사람이 0의 개수를 이야기하는 경향이 있습니다. 이때 친구는 '9'라는 작은 수를 이용해 '10억'에 달하는 큰 숫자를 표현하고 있는 것입니다. 이것이 정확히 로그가 하는 일입니다.

1,000,000,000 앞에 'log' 글자와 함께 10을 조그맣게 적으면, '1,000,000,000은 10을 몇 번 곱한 숫자인가?'를 수학적으로 표시한 것이 되며 그 답은 '9'입니다. 이런 방식으로 로그 체계를 이용하면 스펙트럼이 아주 넓은 숫자들을 수학적으로 재규정할 수 있습니다. 통제 불가능한 거대한 숫자를 쉽게 인식할 수 있는 숫자로 바

꿔주는 것이죠. 이러한 변환 과정에서 반드시 명심해야 하는 것이 있습니다. 밑이 10인 로그를 사용한 표기에서 1이 증가한다면 실제 값은 열 배 증가한 것이란 사실입니다.

'10부터 10억'을 '1부터 9'의 값으로 변환하는 것이 스펙트럼을 지나치게 축소한 결과라고 생각된다면, 밑이 다른 로그를 사용해 축소 범위를 마음대로 조정할 수 있는 것도 로그의 장점입니

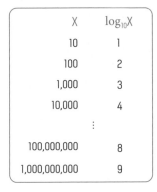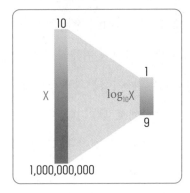

밑이 10인 로그를 이용한 변환 체계

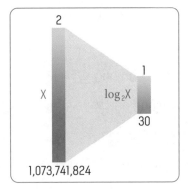

밑이 2인 로그를 이용한 변환 체계

다. 10억은 10을 아홉 번 곱한 값이면서 동시에 2를 30번 곱한 값 (1,073,741,824)과도 가깝습니다. 따라서 밑이 2인 로그는 10억의 범위를 30으로 축소하긴 하지만, 밑이 10인 로그보다는 더 관대합니다. 이런 식으로 로그 체계는 밑을 변환함으로써 입맛에 맞게 수의 범위를 축소할 수 있습니다.

또한 로그 체계는 지수적으로 증가하는 데이터를 좌표 평면에 표현하는 데도 큰 도움을 줄 수 있습니다. 한 주기마다 반도체의 집적도가 두 배 증가하는 무어의 법칙을 있는 그대로 좌표평면에 나타내려 한다면, 어느새 숫자의 격차가 너무 커져서 개별 데이터 간의 차이를 식별하기가 굉장히 어려워집니다. 일례로 Intel 4004 모델은 약 2,300개의 트랜지스터를 가진 반면에, Intel 8088 모델은 2만 9,000개의 트랜지스터를 갖고 있으므로 그 격차가 열 배를 넘습니다. 하지만 400억 개의 트랜지스터를 가진 EPYC ROME 모델과 함께 이들을 표시하면 'Intel 4004'와 'Intel 8088' 모델은 그 차이가 거의 없어 보이죠. 이는 지수적 증가 또는 감소의 추세를 나타내는 그래프에서 흔히 나타나는 문제입니다.

이 문제를 해결하기 가장 좋은 방법은 데이터의 세로축을 로그 스케일로 변경하는 것입니다. 이를 반영해 다시 그린 그래프의 세로축을 보면 1만~10만, 10만~100만, 100만~1,000만 사이의 간격이 동일합니다. 이 값들을 밑이 10인 로그로 변환하면 4~5, 5~6, 6~7입니다. 밑이 10인 로그 체계에서는 열 배의 간격을 모두

1로 나타내는 기적을 일으킬 수 있죠.

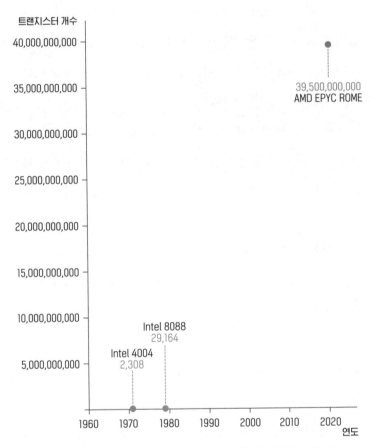

지수적으로 증가하는 데이터를 그래프에 표시했을 때 발생하는 문제점

오른쪽과 같이 세로축의 간격을 로그스케일로 변경한 그래프는
기존의 그래프보다 데이터를 식별하는 데 월등히 뛰어납니다. 따라
서 넓은 스펙트럼의 데이터를 이해하거나 처리할 때는 로그스케일
그래프가 종종 유용합니다.

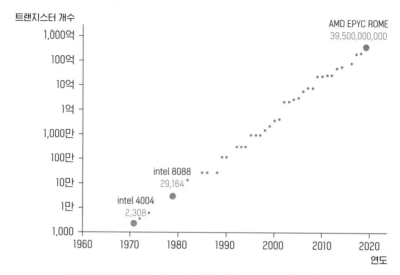

트랜지스터 개수

AMD EPYC ROME
39,500,000,000

intel 8088
29,164

intel 4004
2,308

연도

지수적 패턴을 가진 데이터의 세로축을 로그스케일로 바꾸면
직선 형태의 그래프를 얻을 수 있으며 데이터를 식별하는 데 유리합니다.

심지어 가로축에 로그스케일을 적용해야 하는 데이터도 있습니다. AI 모델의 크기와 전력소비량의 관계가 대표적인 사례입니다. 대형언어모델의 파라미터 개수는 현재 연간 스무 배씩 증가하고 있고, 이에 따른 데이터센터의 전력소비량 역시 폭증하고 있기 때문입니다.

로그스케일 그래프는 보도자료에 빈번하게 사용되므로 이를 모른다면 정보를 잘못 해석하는 문제가 발생합니다. 세로축의 눈금 간격이 동일하다는 사실에만 주목하면 실제 데이터보다 훨씬 작다고 생각하게 되고, 그 오차는 한 눈금마다 수 배씩 증가하게 되겠죠. 따라서 기사에 실린 차트를 볼 때, 축의 눈금이 산술적으로 증가하

는지 또는 지수적으로 증가하는지 반드시 확인하는 습관을 길러야
합니다.

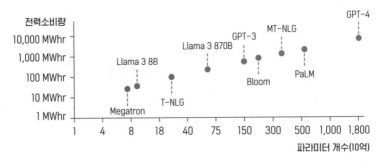

대형 AI 모델 훈련에 사용되는 전력소비량. 가로축과 세로축 모두
로그스케일이 사용되었습니다.[14]

로그를 이용한 표현에는 또 다른 이점도 있습니다. 2를 몇 번 연
속해서 곱해야 8이 되는가에 답하는 것은 매우 쉬운 편입니다. 2를
세 번 곱하면 8이 되니 답은 3이죠. 로그 체계를 이용하면 '3' 대신
'$\log_2 8$'을 써도 동일한 답이 됩니다.

하지만 수를 조금만 바꿔서 질문하면 금세 어려운 문제가 됩니
다. 2를 몇 번 곱해야 7이 될까요? 2를 두 번 곱하면 4가 되고 세 번
곱하면 8이 되니, 아마도 질문의 답은 '2와 3 사이의 어떤 수'로 보
입니다. 다행히 로그를 이용하면, 정확히 몇인지 알기 어려웠던 이
'어떤 수'를 그 자체로 표현할 수 있게 됩니다. 단지 $\log_2 7$이라고 답
하면 그만이기 때문입니다. 이처럼 로그 체계는 자연수 체계에서
벗어나는 수를 쉽게 다룰 수 있게 된다는 측면에서도 매우 중요한

의미를 가집니다.

로그의 표기 체계

로그를 이해하는 가장 좋은 방법 중 하나는 로그함수의 그래프를 그려보는 것입니다. 이는 몇 개의 순서쌍을 구하면 어렵지 않습니다. $2^1=2$를 로그로 나타내면 $\log_2 2=1$입니다. 이때 진수는 2이고 지수는 1이므로 $(2, 1)$의 순서쌍으로 표현합니다. $2^2=4$는 $\log_2 4=2$로 바꿔 쓸 수 있고 순서쌍으로 나타내면 $(4, 2)$가 됩니다. 이런 방식으로 밑이 2인 지수와 로그함수의 순서쌍을 그래프로 그려본다면 다음과 같을 것입니다.

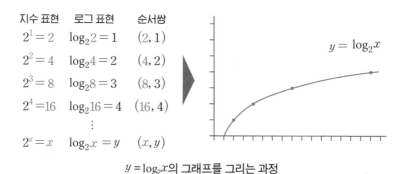

$y=\log_2 x$의 그래프를 그리는 과정

밑이 1보다 큰 로그함수의 그래프는 x의 값이 증가할수록 y의 값 역시 증가하지만, 그 증가폭이 점점 작아지는 경향을 보입니다. 이런 경향은 앞서 이야기한 감각과 자극의 관계 또는 제품의 가격에 따른 심리적 장벽을 설명하는 데 적합하죠. 기억하실지 모르겠지만, 1장에서 이야기한 '키와 나이의 관계' 역시 로그적 패턴을 보이는 대표적 사례라고 할 수 있습니다.

또한 밑이 2인 로그와 마찬가지로 밑이 10인 로그함수의 그래프도 그려볼 수 있습니다. 밑이 10인 로그는 아주 많은 분야에 쓰이며 '상용로그'라는 별칭으로도 불리는데, 상용로그가 이렇게 인기 있는 결정적 이유는 인류 대다수가 10진법을 사용하기 때문입니다. 상용로그를 이용하면 10의 자릿수인 숫자는 1에서 2 사이의 수로 표현할 수 있고, 심지어 100만 단위의 숫자도 6에서 7사이의 숫자로 축소할 수 있죠. 특히 상용로그표를 이용하면 2^{40}과 같이 지수로 표현된 큰 수의 자릿수와 대략적인 값도 알아낼 수 있습니다.

$$10 < X < 100 \qquad 1000000 < X < 10000000$$
$$\blacktriangledown \qquad\qquad\qquad \blacktriangledown$$
$$10^1 < X < 10^2 \qquad 10^6 < X < 10^7$$
$$\blacktriangledown \qquad\qquad\qquad \blacktriangledown$$
$$1 < \log_{10}X < 2 \qquad 6 < \log_{10}X < 7$$

밑이 10인 로그는 가장 널리 쓰이는 로그 중 하나입니다.

재규격화

다시 소리에 관한 이야기로 돌아가보겠습니다. 사람이 인식할 수 있는 가장 작은 소리의 강도는 1제곱미터당 0.000000000001와트입니다. 편의상 이를 I_0라 부르겠습니다. 일상 대화에서 측정되는 소리의 강도는 1제곱미터당 0.00001와트인데, 이 값은 I_0에 비해 1,000만 배나 큽니다. 이처럼 소리의 강도는 그 차이가 매우 크므로 로그로 재정의해 표현하는 것이 편리합니다. 이렇게 탄생한 것이 바로 데시벨decibel, dB입니다.

$$dB = 10 \log_{10} \frac{I}{I_0}$$

데시벨은 소리의 강도를 I_0로 나눈 비율에 상용로그를 취하고 10을 곱한 값입니다. 이 식에 따라 일상 대화의 데시벨을 측정하면 70데시벨이 됩니다. 일상적인 대화에 해당하는 소리의 크기가 1제곱미터당 0.00001와트라고 말하는 대신, 데시벨 체계를 이용해 70dB로 표기하는 것은 직관성을 높여줄 뿐 아니라 잉크와 데이터도 절약할 수 있는 방법입니다. 물론 이러한 장점은 데시벨 체계를 모두가 알아야만 얻을 수 있으므로, 사람들 간의 광범위한 합의가 필요하겠죠. 데시벨은 누구나 어디선가 한 번쯤은 들어보았으니 성공한 체계라고 볼 수 있겠습니다.

로그를 사용해 성공적으로 합의된 또 다른 체계는 산성도입니다. 산성비 때문에 금속이 부식되고 문화재가 피해를 입으며 토양이 황폐해진다는 보도를 들어본 적이 있을 것입니다. 산성비는 질산, 황산 등의 산성물질을 평소보다 더 많이 함유한 비를 일컬으며 산성물질이 더 많이 함유될수록, 다시 말해 산성도가 높을수록 더 많은 피해가 발생합니다. 심지어 산성비가 내리면 산성도에 민감한 특정 생물종은 멸종에 이르기도 합니다. 한국대기환경학회 발표에 따르면 캐나다에서는 산성비로 어류가 멸종하거나 그에 준하는 위기가 발생한 호수가 각각 전체 호수의 4퍼센트, 15퍼센트라고 보고하기도 했습니다.[15] 그러니 생태계 보존의 측면에서도 빗물의 산성도를 측정하고 꾸준히 추적하는 것은 중요한 일이죠.

산성도는 일정한 양의 용액에 수소 이온의 수가 많을수록 높아집니다. 순수한 물 1리터에는 대략 6경(60,000,000,000,000,000) 개의 수소 이온이 들어 있는 것으로 알려져 있습니다. 따라서 어떤 물 1리터에 함유된 수소 이온의 수를 세어서 이보다 더 많은 양의 수소 이온이 들어 있다면 그 물은 산성화되었다고 할 수 있죠. 하지만 숫자가 지나치게 크기 때문에 수소 이온의 개수를 세어서 산성도를 측정하는 것은 효율적인 방법이 아닙니다.

다행히 우리는 이 큰 숫자를 그대로 사용할 필요가 없습니다. 원자나 분자의 개수를 세는 데 유용하게 사용되는 단위인 'mol' 덕분입니다. 1mol은 약 6,022해 1,407경 6,000조(602,214,076,000,000,000,000,000) 개의 구성요소를 나타내는 단위입니다. 이 단위를 이용하면 수소 이온 6경 개는 오히려 0.0000001mol로 상당히 작은 숫자가 되죠. 여기에 1리터 용액에 녹아 있는 몰수를 의미하는 '몰농도(M)'를 적용하면, 순수한 물에 존재하는 수소 이온은 0.0000001M이라고 말할 수 있습니다.

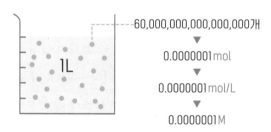

몰과 몰농도를 이용한 단위 변환 방법

산성도를 6경이라고 말하는 것보다 조금 나아지기는 했지만 0.0000001M은 여전히 피부에 와닿는 표현이 아닌 것 같습니다. 하지만 여기서 한 단계만 더 나아가면 익숙한 산성도 시스템을 만들 수 있습니다. 바로 pH^potential of hydrogen입니다. pH는 수소 이온의 몰농도에 밑이 10인 로그를 취하고 -1을 곱한 값으로 다음과 같이 정의됩니다.

$$pH = -\log_{10}[H^+]$$

0.0000001은 1이라는 숫자를 10으로 일곱 번 나눈 값이므로 10^{-7}로 표현할 수 있습니다. 따라서 중성 상태의 물을 pH의 정의를 이용해 구하면 7이 됩니다.

$$[H^+] = 0.0000001$$

$$-\log_{10}[H^+] = -\log_{10}10^{-7} = -(-7) = 7$$

pH의 정의를 이용할 때 주의해야 하는 점은 용액의 산성도가 높아질수록 오히려 pH 값이 낮아진다는 것입니다. 예를 들어 중성 상태의 물보다 수소 이온의 농도가 1,000배 더 높은 용액의 몰농도는 0.0001이며, 이는 10^{-4}입니다. 따라서 pH를 구하는 식에 대입하면 $-\log_{10}10^{-4}$이며, 이 값은 4로 계산되죠. 이러한 점만 유의한다면 로그를 이용해 산성도를 표현하는 pH 시스템은 데시벨과 마찬가지로 아주 유용한 체계입니다. 다음에 제시된 수소 이온의 개수, M, pH 중에서 어떤 표시 체계를 사용하는 것이 편리할지는 명확합니다.

이 물은 60,000,000,000,000,000개의 수소 이온이 있군.
이 물의 몰농도는 0.0000001M이니 중성이군.
이 물의 pH는 7이니 중성이군.

그 밖에도 지진의 규모, 별의 겉보기 등급을 나타내는 데에도 로

그 체계는 매우 유용하게 사용되고 있습니다.

지수와 로그는 세계를 이해하기 위해 반드시 필요한 한 쌍입니다. 지수 체계가 없었다면 급속도로 증가하는 패턴을 표현할 방법이 없었을 것이고, 로그 체계가 없었다면 거대한 숫자에 압도당해 아무것도 이해하지 못했을 것입니다.

상용로그
천문학자의 수명을 늘려준 수학

로그는 큰 수를 아주 작은 수로 축소해 이해 가능한 범위의 수로 변환하는 역할을 합니다. 하지만 로그의 진정한 장점은 사실 따로 있으니, 그것은 바로 계산입니다.

큰 수로 곱셈과 나눗셈을 해야 할 때 우리는 스마트폰을 꺼내 계산기 어플을 켜는 데 익숙하지만, 불과 100년 전에는 스마트폰은 고사하고 계산기와 컴퓨터조차 흔하지 않았죠. 옛 시대에 계산은 정말 큰 난제였으며 특히 큰 수를 다루고 정밀한 값을 계산해내야 하는 천문학자와 수학자들은 그야말로 중노동에 시달렸습니다. 만약 1.347849와 2.573538을 계산기 없이 손수 곱해야 한다고 생각해보면 한숨부터 나올 것입니다.

다행히 이들을 구원해줄 사람은 생각보다 일찍 나타났습니다. 1550년에 스코틀랜드 성주의 아들로 태어난 존 네이피어^{John Napier}

는 수학과 발명에 관심이 많았습니다. 특히 그는 곱셈의 어려움을 잘 알고 있었기에 곱셈을 편리하게 할 수 있는 혁신적인 아이디어를 냅니다. 바로 곱셈을 덧셈으로 바꾸는 지수법칙을 응용하는 것이죠.

지수법칙은 특정 조건에서 곱셈을 덧셈으로 바꿀 수 있습니다. 앞서 이야기했듯 1,024는 2를 열 번 곱한 2^{10}으로 표현할 수 있고, 4,096은 2를 열두 번 곱한 2^{12}으로 표현되는데, 두 수 모두 밑이 2로 같습니다. 따라서 1,024와 4,096의 곱은 직접 계산하지 않고도 2^{10}과 2^{12}에서 지수만 더한 2^{22}라고 말할 수 있습니다. 즉 밑이 같다는 조건만 성립한다면 이들을 표현하는 것은 어렵지 않습니다.

이제 1.347849와 2.573538의 곱셈을 생각해보겠습니다. 사실 이 두 수는 특정한 수의 연속된 곱입니다. 1.347849는 1.01을 30번 곱한 1.01^{30}이며, 2.573538은 1.01을 95번 곱한 1.01^{95}이죠. 따라서 두 수의 곱은 지수를 더한 1.01^{125}입니다. 그리고 이 값은 3.468740입니다.

그런데 이 계산을 가로막는 아주 큰 장벽이 있습니다. 바로 어떤 수가 1.01을 몇 번 곱한 것인지 알아야 한다는 것이죠. 1.347849가 1.01을 30번 곱한 수임을 알려면 1.01을 반복해서 곱한 계산표가 있어야만 합니다. 이 표가 있다면 곱셈이 아주 쉬워집니다. 먼저 표를 손가락으로 쭉 내리면서 1.347849를 찾고, 이 수가 1.01을 몇 번 곱한 건지 알아냅니다. 그다음 2.573538에 해당하는 수를 표에서 찾고, 이 수 또한 1.01을 몇 번 곱한 것인지 확인하죠. 이제 마지막으로 이 둘을 더한 1.01^{125}를 찾아, 이에 해당하는 수가 무엇인지 봅니다. 그 값은 3.468740입니다.

1.01^2	1.020100	1.01^{112}	3.047852
1.01^3	1.030301	1.01^{113}	3.078330
1.01^4	1.040604	1.01^{114}	3.109114
⋮		⋮	
1.01^{29}	1.334504	1.01^{124}	3.434396
1.01^{30}	1.347849	1.01^{125}	3.468740
1.01^{31}	1.361327	1.01^{126}	3.503427
⋮		⋮	
1.01^{94}	2.548057	1.01^{130}	3.645680
1.01^{95}	2.573538	1.01^{131}	3.682137
1.01^{96}	2.599273	1.01^{132}	3.718959

1.01의 거듭제곱을 기록한 표

네이피어의 위대함은 여기에 있습니다. 이 지루한 표를 자진해서 만들기로 결심했기 때문입니다. 그는 20년의 작업 끝에 1614년에《경이로운 로그 법칙의 서술Mirifici Logarithmorum Canonis Descriptio》을 출간합니다. '로그'라는 단어는 바로 이 네이피어의 책 제목에 있는 logarithm의 앞 세 글자를 딴 것입니다. 이 단어는 그리스어 logos와 arithmos의 합성어인데, logos는 비율 또는 이성을 뜻하고 arithmos는 수를 뜻합니다. 따라서 logarithm은 '수의 비율'을 뜻합니다. 1.01을 계속 곱해간다면 수는 이전보다 1퍼센트씩 커집니다. logarithm은 이를 적절하게 표현하는 단어인 셈이죠.

그러나 1.01로 모든 수를 표현하는 데는 한계가 있을 것입니다. 1.01의 거듭제곱으로 수를 표현하면 각 숫자의 차이는 1퍼센트이며, 수가 커질수록 그 격차는 걷잡을 수 없이 벌어집니다. 물론 수의 간격을 줄이는 방법은 있습니다. 1.01이 아니라 1.000001처럼 1에 더 가까운 수를 거듭제곱하면 되죠. 다만 당시에는 컴퓨터가 없었으므로 1.000001로 표를 만든다면 천문학적인 시간이 소요되었을 것입니다. 또한 네이피어는 1보다 약간 작은 값을 선택해 표로 만들었기에 아이디어는 훌륭했지만 사용하기에는 다소 불편했습니다.

이런 문제를 해결하기 위해 나선 사람이 바로 헨리 브리그스[Henry Briggs]입니다. 그는 네이피어가 책을 출간한 지 1년 만에 로그의 중요성을 알아보고 네이피어를 찾아가 네이피어의 로그를 보완하는 새로운 체계를 제안했습니다. 이후 네이피어가 사망했으나 브리그스는 좌절하지 않고 로그를 체계적으로 정비합니다. 그는 1부터 1,000까지의 로그값을 무려 소수점 14자리까지 구한 책《1부터 1000까지의 로그[Logarithmorum Chilias Prima]》를 1617년에 발간하고, 1624년에는 1부터 2만까지와 9만부터 10만까지의 로그값을 구한《로그산술[Arithmetic Logarithmica]》을 발간합니다. 이것이 우리가 고등수학 시간에 배우는 밑을 10으로 하는 상용로그표의 시초입니다. 브리그스의 표는 매우 정확해서 지금 사용해도 큰 문제가 없을 정도입니다.

상용로그표에 관한 당시의 반응은 아주 뜨거웠습니다. 당대 최고의 천문학자 요하네스 케플러^{Johannes Kepler}는 이 계산법을 매우 환

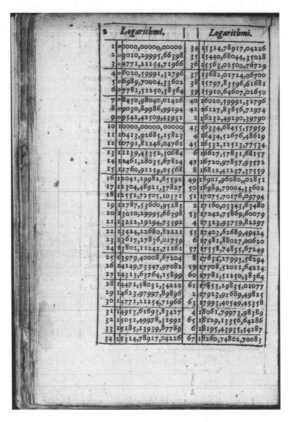

브리그스가 구한 상용로그표의 일부

영했죠. 피에르 시몽 드 라플라스^{Pierre Simon de Laplace}는 로그를 다음과
같이 평가했습니다.

> 몇 개월치 노동량이 단 며칠의 노동량으로 줄었고, 천문학자의 수명
> 이 두 배로 늘었으며, 실수와 욕지기가 줄어들었다.
>
> ‑ 시몽 드 라플라스

  물론 지금의 천문학자들은 로그표로 직접 수를 계산하지는 않습
니다. 계산기와 컴퓨터의 발명과 함께 상용로그표는 그 빛이 조금
바랬지만, 앞에서 이야기한 것처럼 여전히 로그는 세상을 이해하
는 매우 유익한 도구로 사용됩니다. 네이피어와 브리그스가 그들
의 삶 대부분을 바쳐 정립한 로그는 매우 가치 있는 것이었습니다.

6장

세상을 구하는
수학적 모델의 법칙

인류 역사에는 수많은 위인이 존재하지만,

수학자가 세상을 구했다는 말을 들어본 사람은 많지 않을 것입니다.

여기서는 두 명의 수학자가 개발한 **'모델'**이

인류를 구원한 사례를 소개하고,

좋은 수학적 모델이 어떤 방식으로 다른 분야에

확장되는지 알아보겠습니다.

대체
언제 끝날까?

코로나19가 한 창 유행하는 동안 대체 이 끔찍한 바이러스가 언제 사라질지 모두가 궁금해했습니다. 이러한 관심에 힘입어 많은 언론사에서 전염병의 종식을 예측하는 수학적 기법에 관한 기사들을 쏟아냈죠. 그때 가장 많이 언급된 그래프는 다음과 같은 모양이었습니다.

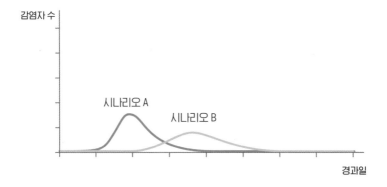

잠시 위로 솟았다가 내려가는 선은 바이러스에 감염된 사람의

수를 나타내며 언제 감염자가 가장 많은지를 알려줍니다. 그런데 사실 이 그래프에는 감염자를 포함해 총 세 집단을 나타내는 것이 일반적입니다. 그중 첫 번째는 취약자^{susceptible} 집단입니다. 바이러스가 퍼지기 전에는 대다수가 건강한 상태지만 바이러스가 퍼지면서 취약자는 감염자^{infected}로 바뀌며 그 수가 줄어듭니다. 두 번째는 감염자 집단입니다. 바이러스에 감염된 사람들의 비율은 점점 늘어났다가, 시간이 지나면서 점차 회복되는 사람이 늘어나며 줄어들기 때문에 가운데가 불룩 솟아올랐다가 내려가는 모양의 선이 됩니다. 마지막 집단은 회복자^{recovered}입니다. 감염자 집단에서 바이러스를 극복한 사람은 회복자가 되므로 바이러스 확산이 끝나는 시기가 되면 대다수의 사람이 이 집단에 속하게 됩니다. 이렇게 세 집단의 변화를 추적하는 수학적 기법은 'SIR$^{susceptible-infected-recovered}$ 모델'이라 불리며, 현대 전염병 예측에 가장 많이 쓰입니다.

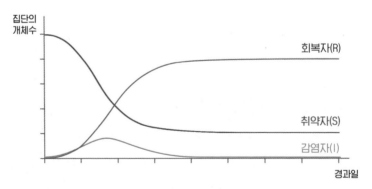

시간의 경과에 따른 세 집단의 역학적 관계를 추적하는 SIR 모델

커맥과 맥켄드릭이 쓴 전설적인 논문의 첫 페이지

SIR 모델의 창시자는 윌리엄 커맥William Kermack과 앤더슨 맥켄드릭 Anderson McKendrick이었습니다. 특히 커맥은 스물여섯 살에 불의의 사고로 시력을 잃었지만 좌절하지 않고 이론과학자로 활동하며 전염병의 수학적 모델을 연구한 불굴의 정신을 가진 사람이었죠. 이 둘은 1927년에 발표한 〈유행병에서 수학적 이론의 기여Contributions to the Mathematical Theory of Epidemics〉에서 SIR 모델을 소개합니다. 어떤 감염병의 확산 능력을 평가하거나 방역의 효과를 측정하고자 한다면 재생산지수 R을 이용하면 되지만 이 지표 하나로는 시간에 따른 감염자 수의 변화를 알아낼 수 없다는 한계가 있습니다. SIR 모델을 이용하면 시간에 따라 역동적으로 변하는 세 집단(취약자, 감염자, 회복자)의 수(또는 비율)를 수학적으로 예측할 수 있으므로 이 한계를 극복할 수 있습니다.

변화를
모델링하다

커맥과 맥켄드릭이 세 집단의 변화를 추적하는 수학적 방법론을 수립할 수 있었던 것은 17세기의 전설적인 두 과학자 아이작 뉴턴Isaac Newton과 고트프리트 라이프니츠Gottfried Leibniz가 동시에 발명한 '미분' 덕분입니다. 미분은 우리 주변에서 항상 일어나는 변화를 표현하는 데 탁월한 수학적 기법입니다. 미분에 관해서 많은 이야기를 할 수 있지만, 지금 우리에게 필요한 것은 그저 아주 짧은 시간(t)에 따른 취약자(S)의 변화를 dS/dt처럼 수학적 기호로 표현할 수 있다는 것입니다. 마찬가지로 감염자(I)의 변화는 dI/dt, 회복자(R)의 변화는 dR/dt로 간략하게 표현할 수 있습니다.[+]

취약자 수의 변화	감염자 수의 변화	회복자 수의 변화
$$\dfrac{dS}{dt}$$	$$\dfrac{dI}{dt}$$	$$\dfrac{dR}{dt}$$

이 표현 덕분에 취약자, 감염자, 회복자의 비율이 변하는 원인을 정확히 알 수 있다면 구체적인 모델을 만들어낼 수 있습니다. 모든 요소를 반영해 계산한 결과 감염자의 변화율이 a만큼 증가한

[+] d 대신 그리스어 Δ(델타)를 사용하기도 합니다. 이는 변화를 나타내는 기호들 중 하나입니다.

다면 $dI/dt = a$라고 쓰면 됩니다. 취약자는 감염자가 되므로 감염자가 늘어나는 수만큼 취약자의 수는 줄어듭니다. 취약자의 변화율은 증가하지 않고 감소하므로, 부호만 바꿔 $dS/dt = -a$로 표현합니다. 또한 감염자는 언젠가 질병에서 완쾌되어 회복자가 됩니다. 회복자의 변화율에 영향을 미치는 값의 총합을 b라 한다면 $dR/dt = b$가 됩니다. 회복자가 늘어나는 만큼 감염자의 수는 줄어들기 때문에 감염자의 변화율은 회복자의 변화율을 고려해 $dI/dt = a - b$로 다시 써야 합니다.

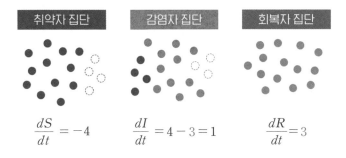

$$\frac{dS}{dt} = -4 \qquad \frac{dI}{dt} = 4 - 3 = 1 \qquad \frac{dR}{dt} = 3$$

이렇게 각 집단에 변화를 일으키는 원인을 파악하고 수학적으로 정량화해 추적이 가능한 지표로 만들 수만 있다면, 수학적 모델을 세우는 것은 그다지 어려운 일이 아닙니다. 그럼 지금부터 세 집단에 실제로 영향을 주는 요소들이 무엇인지 하나씩 구체적으로 설명해보겠습니다. 기호는 조금 더 많아지겠지만 앞에서 말한 내용과 다를 것은 전혀 없습니다.

전염병이 전파되기 전에 어떤 집단의 인구 비율은 취약자 100퍼센트로 구성되어 있을 것입니다. 최초의 감염자는 취약자와 접촉함으로써 그 비율을 늘려갑니다. 시간에 따른 감염자 수의 증가율, dI/dt는 세 가지 요소에 영향을 받는다고 가정할 수 있습니다. 첫 번째는 감염의 효과(β)로 어떤 질병의 전염력이 극도로 높을수록 이 값도 크다고 예상할 수 있습니다. 두 번째는 전체 감염자의 수입니다. 감염자가 많을수록 취약자들과의 접촉이 많아지기 때문이죠. 따라서 감염의 효과 β와 감염자의 수 I를 곱한 값 βI을 '감염의 강도'라고 부를 수 있습니다. 마지막 요소는 취약자의 수(S)입니다. 감염자 주변에 취약자의 수가 많을수록 감염자가 늘어날 가능성이 높아진다고 예상할 수 있기 때문입니다. 이 세 요소를 곱한 βSI가 '시간에 따른 감염자의 증가율'이 됩니다. 정확히 이만큼 취약자 수는 감소하므로 dS/dt는 여기서 부호만 바뀐 $-\beta SI$가 되겠죠.

이렇게 늘어난 감염자는 시간이 지나면서 다시 회복자로 변합니다. 감염자가 회복자로 변하는 요인은 질병의 감염 기간(D)과 연관이 있습니다. 어떤 질병의 감염 기간이 길다면 회복률(γ)이 낮고, 감염 기간이 짧다면 회복률이 높다고 말할 수 있습니다. 즉 회복률은 감염 기간의 역수입니다. 따라서 시간에 따른 회복자 수의 변화, dR/dt는 회복률 γ에 감염자 수를 곱한 γI가 될 것이며, 최종적으로 감염자 수의 변화 dI/dt는 취약자가 감염자가 되는 유입량에서 감염자가 회복자가 되는 유출량을 뺀 값이 됩니다.

이를 정리하면 다음과 같이 표현할 수 있습니다. 이로써 SIR 모델이 완성되었습니다.[1]

취약자 수의 변화	감염자 수의 변화	회복자 수의 변화
$\dfrac{dS}{dt} = -\beta SI$	$\dfrac{dI}{dt} = \beta SI - \gamma I$	$\dfrac{dR}{dt} = \gamma I$

이 모델로 무엇을 할 수 있는지 살펴보기 전에 주목할 만한 사실이 하나 있습니다. 바로 dI/dt를 조금만 변형하면 기초감염재생산지수 R_0와의 연관성이 드러난다는 것입니다. dI/dt가 0보다 크다면 그 정의에 따라 감염자의 수가 시간에 따라 증가한다는 의미입니다. 이 식을 다음처럼 한두 단계만 거치면 $\beta S/\gamma > 1$이라는 새로운 부등식을 얻을 수 있습니다.

$$\frac{dI}{dt} > 0 \qquad \beta SI - \gamma I > 0 \qquad \beta SI > \gamma I \qquad \frac{\beta S}{\gamma} > 1$$

무언가가 1보다 크면 감염자가 증가한다는 의미인 이 부등식은 앞서 이야기했던 팬데믹의 조건, 즉 기초감염재생산지수가 1보다 크다는 식과 동일합니다. 따라서 $\beta S/\gamma$가 나타내는 의미는 R_0와 동일합니다.

수학적 모델이
필요한 이유

　　　　　　　　　전염력이 매우 강해 R_0가 3이고 감염자가 회복자가 되는 데 14일이 걸리는 바이러스가 있다고 가정해보겠습니다. 그렇다면 γ는 감염 기간의 역수이니 약 0.07이 됩니다. 팬데믹 초기 단계에는 감염되지 않은 사람들, 즉 취약자의 비중이 1에 가깝습니다. 전염병이 발생한 집단의 '전체 인원수'를 세어볼 수도 있겠지만 각 집단의 '비율'을 이용하면 계산이 훨씬 간편해집니다. 각 집단의 '수'와 '비율'을 구분하기 위해 각각 대문자 S와 소문자 s로 구분할 수 있습니다. 감염병이 생기지 않은 집단은 취약자 100퍼센트로 구성되어 있으므로 s는 1이 됩니다.

　이 값들을 $\beta S/\gamma = R_0$에 대입하면 β는 0.21이 나옵니다. 약간의 시간이 지나 최초 감염자의 비율(i)이 전체 인구의 1퍼센트가 되었다고 가정해보죠. 이렇게 몇몇 숫자로 특징 지어진 전염병은 앞으로 우리에게 어떤 영향을 끼칠까요? SIR 모델은 그 답을 훌륭하게 보여줍니다.[+]

　이 그래프에서 보여주는 세 곡선은 각각 취약자, 감염자, 회복자의 비율을 나타냅니다. 취약자의 비율은 99퍼센트에서 점차 줄어

[+] SIR 모델에 관심이 많은 분을 위해 본 장에 삽입된 SIR 모델의 차트를 구현한 파이썬 코드를 부록에 준비했습니다.

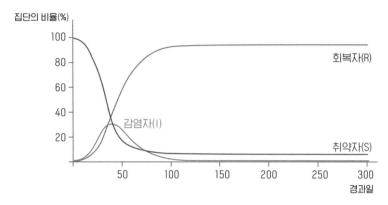

$R_0 = 3$, $\gamma = 0.07$, $i = 1$퍼센트인 바이러스의 SIR 모델

들고 감염자의 비율이 증가합니다. 감염자 또한 다시 회복자가 되며 그 수가 감소하고 상당한 시간이 지나면 균형을 이루죠. 이런 방식으로 SIR 모델은 세 집단의 비율이 시간에 따라 어떤 방식으로 변화하는지 보여주므로 이를 이용해 언제쯤 전염병이 종식될지 예측할 수 있는 것입니다.

또한 모델의 값들을 조금씩 바꿔봄으로써 전염병과 관련된 통찰을 얻을 수 있습니다. 예를 들어 초기 감염자가 아주 많을 때와 적은 경우를 비교해 질병의 전파 양상이 얼마나 다를지 생각해볼 수 있습니다. 초기 감염자가 1퍼센트($i = 0.01$)일 때 전체 감염자 수는 초기 감염자가 0.01퍼센트($i = 0.0001$)일 때의 전체 감염자 수보다 훨씬 많지 않을까요? 의문을 해결하기 위해 이 값을 직접 SIR 모델에 적용해 시각화하면 다음과 같습니다.

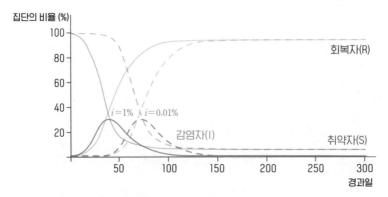

집단의 비율 (%)

회복자(R)

$i=1\%$ $i=0.01\%$

감염자(I)

취약자(S)

경과일

$i=1$퍼센트(실선), $i=0.01$퍼센트(점선)인 두 SIR 모델의 비교

두 그래프를 비교해보면 몇 가지 사실을 알 수 있습니다. 시간의
지연은 발생하지만 전체 감염자의 비율 차이는 0.1퍼센트에 불과
합니다. 즉 초기 감염자가 적다면 감염자 수가 최고조에 달하는 시
기는 늦어져 대응할 시간이 많아지지만 전체적으로 보면 최초 감
염자의 비율이 아주 낮다고 해도 전체 감염자의 수가 줄어드는 것
은 아닙니다. 따라서 감염자가 적은 수로 존재한다 해도 여전히 공
중보건에는 큰 위험이 됨을 알 수 있습니다.

SIR 모델을 이용하면 바이러스의 전염력, 즉 R_0가 최종 감염자
의 수에 얼마나 큰 영향을 미치는지 예측하는 것도 가능합니다. 다
음 그래프는 각각 R_0가 2와 3일 때 각 집단의 변화를 나타냈으며
이를 통해 몇 가지 통찰을 얻을 수 있습니다.

두 그래프 모두 R_0가 1보다 크기 때문에 팬데믹이 일어납니다.
하지만 R_0가 3이라면 전체 인구의 94퍼센트가 감염되는 반면에

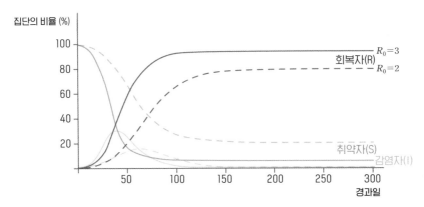

집단의 비율 (%)

회복자(R) $R_0 = 3$
$R_0 = 2$

취약자(S)
감염자(I)

경과일

$R_0 = 2$(점선), $R_0 = 3$(실선)인 두 SIR 모델의 회복자 비교

R_0가 2로 낮아진다면 그 값은 80퍼센트 정도로 낮아집니다. 감염
자가 14퍼센트포인트 줄어든다면 의료 체계가 전염병에 더 잘 대
응할 수 있겠죠.

무엇보다 R_0가 낮아지면 감염자의 분포 자체가 극적으로 달라
집니다. R_0가 3일 때 시간에 따른 감염자의 변화 곡선은 경사가 상
당히 가파릅니다. 이는 아주 빠른 시간에 감염자의 수가 최대치에
도달한다는 뜻입니다. 하지만 R_0가 2일 때의 감염자 비율은 상당
히 완만하게 변화합니다. R_0를 3에서 2로 낮출 수만 있다면[+] 감염
되는 인구 비율이 14퍼센트포인트 차이가 날 뿐 아니라, 특정 시점
의 감염자 비율의 최대치가 절반으로 줄어들며 감염자가 최대치에

[+] 사실 '낮춘다'는 것은 확산 방지를 위한 인위적인 노력을 뜻하므로, 여기서는 R_0가 아니라 효과감염
재생산지수, R_e로 표기해야 한다는 것을 눈치채셨길 바랍니다.

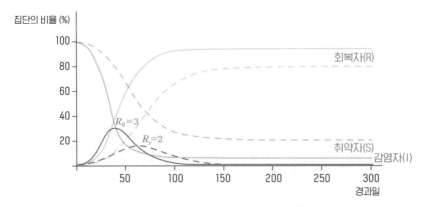

집단의 비율 (%)

$R_e=2$(점선), $R_0=3$(실선)인 두 SIR 모델의 감염자 비교

도달하는 시기도 70퍼센트 정도 더 지연시킬 수 있는 것입니다.

SIR 모델에서 이런 양상을 예측할 수 있다는 것은 매우 큰 의미가 있습니다. 한 국가의 환자 수용량은 최대치가 정해져 있습니다. 따라서 SIR 모델에 필요한 값들을 합리적으로 예측할 수 있다면, 각 기간별로 병원이 감염자를 모두 수용 가능한지 판단할 수 있죠. 만약 수용이 불가능하다는 계산이 나오면, 방역을 더욱 고강도로 추진해 R_e를 낮추는 여러 조치를 취해야 합니다. 반대로 수용량이 충분하다고 예상되면 사회적 거리두기를 완화하고 경제활동을 장려할 근거가 되겠죠.

지금까지의 내용을 종합해보면 SIR 모델은 전염병을 예측하는 훌륭한 모델처럼 보입니다. 하지만 SIR 모델은 코로나19의 종식을 완벽하게 예측하는 데 성공하지 못했습니다. 왜 '예측' 모델이 그 자체의 목적인 '예측'에 실패했던 것일까요?

'예측' 모델의
진화

어떤 현상을 예측하기 위해 모델을 만들어야 할 때는 반드시 데이터가 필요합니다. 데이터가 없다면 수학적 모델을 만들 수 없죠. 감염병의 SIR 모델 또한 마찬가지로 재생산지수 R과 감염 기간 D에 관한 데이터가 필요합니다. 그러나 감염병이 확산되는 초기에는 이 값을 알아내는 것 자체가 큰 도전입니다. 감염병에 관한 데이터는 아직 전문가들에게 알려지지 않았고, 초기에 추정된 R과 D는 실제보다 과장되거나 과소평가될 수도 있죠. 모델은 정직합니다. 올바른 데이터를 입력하지 못한다면 모델은 잘못된 값을 뱉어내며 이를 토대로 정책을 추진할 경우 재앙으로 이어질 수도 있습니다. 이를 GIGO^{Garbage-In Garbage-Out}라 부릅니다. 쓰레기 데이터를 모델에 넣으면 결과도 쓰레기가 나온다는 것이죠. 한국은 이 중요성을 인식하고 질병관리청의 감염병관리위원회 아래에 역학조사 전문위원회를 설치했습니다. 하지만 감염병 전문가들에게도 모델에 사용되는 값들을 정확히 추적하기란 쉬운 일이 아닙니다.

예측을 위해 수집해야 하는 값 대부분은 다양한 이유로 끊임없이 변합니다. 특히 바이러스에게는 이런 변동이 훨씬 더 자주 일어날 수 있습니다. 바이러스의 표면 단백질에 계속 변화가 발생하기 때문입니다. 코로나바이러스의 표면에는 아주 작은 단백질 돌기들이 부착되어 있는데, 이 중 스파이크단백질^{spike protein}이 숙주의 세포 표면에 존재하는 단백질과 결합해 침투하는 역할을 담당합니다. 인체는 이런 바이러스에 대응하기 위해 스파이크단백질과 결합하는 항체를 생산해 바이러스의 침투를 막습니다. 이것이 면역반응의 기본 원리입니다. 하지만 코로나바이러스의 스파이크단백질 구조가 시간이 지나 변하면 인체가 겨우 만들어냈던 항체 단백질은 예전만큼 훌륭한 성과를 낼 수 없게 됩니다. 실제로 2019년 중국에서 시작된 코로나바이러스는 빠르게 변이가 일어나 다수의 '우려 변이^{variants of concern, VOC}'가 생겨났습니다. 2020년 9월 영국에서는 알파 변이^{Alpha variant}가, 2021년 11월 남아프리카공화국에서는 오미크론 변이^{Omicron variant}가 발견되었죠.

시간에 따른 코로나19의 변이 양상[2]

변이가 일어나면 당연히 백신의 효과도 떨어질 수밖에 없습니다. 스파이크단백질에 변이가 일어나면 숙주세포 표면의 단백질과 잘 결합하는 바이러스의 능력이 다소 약화될 수도 있지만 정반대의 경우도 일어날 수 있죠. 특히 오미크론 변이는 다른 변이에 비해

R_0가 1.9로 높은 변종이었고, 두 번의 백신 접종으로는 충분하지 않아 세 번의 백신 접종이 필요하다는 연구도 발표되었습니다.[3] 이처럼 바이러스에 많은 변이가 발생하면 기존의 백신 접종 등을 통해 낮아진 R_e를 맹목적으로 신뢰하기 어려워집니다.

　무엇보다 바이러스의 변종은 SIR 모델이 가진 토대 자체를 무너뜨립니다. SIR 모델은 이름 그대로 취약자, 감염자, 회복자 집단이 순차적으로 상호작용한다는 가정에서 출발합니다. 이 모델에서 회복자는 다시 취약자나 감염자가 되지 않죠. 하지만 바이러스의 변이는 인체의 면역반응을 회피하므로 회복자를 다시 취약자로 돌려놓을 수 있습니다. 이러한 변화를 전제해서 SIR 모델을 조금 수정해 만든 것이 'SIRS 모델'입니다. 회복된 사람이 다시 취약자가 될 비율(θ), 즉 면역력을 잃은 회복자의 비율(θ)을 1퍼센트라고 한다면 다음과 같은 시뮬레이션 결과를 얻을 수 있습니다.

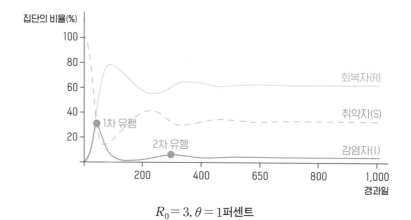

$R_0 = 3, \theta = 1$퍼센트

SIRS 모델은 기존의 SIR 모델과 상당히 다른 양상을 보여줍니다. 감염자 수가 최고치를 기록하는 1차 대유행이 지난 후 n차 유행이 시간 간격을 두고 발생하죠. θ의 값이 5퍼센트일 때는 상황이 훨씬 악화됩니다. 유입되는 취약자가 많아 감염자가 줄어들지 않고 지속되는 양상이 나타날 것으로 예상되기 때문입니다.

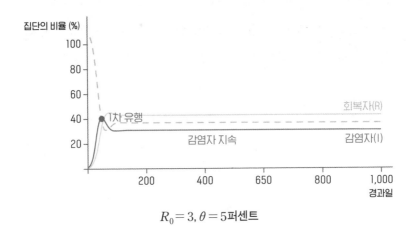

$R_0 = 3, \theta = 5$퍼센트

이렇게 고려해야 할 사항이 늘어나면 SIR 모델에는 점점 알파벳과 변수가 추가됩니다. 예를 들어 감염이 장기화되면 출생과 사망수를 고려해야 하고, 감염되긴 했지만 전염성이 없는 잠복기 집단인 접촉자exposed(E)가 추가된 SEIRS 모델을 생각할 수도 있겠죠.[4] 여기에 격리집단quarantined(Q)을 추가하면 SEIQRS 모델이 됩니다. 이제 우리는 SIR 모델에서 출발하긴 했지만 상당히 멀리 온 느낌이 듭니다. 게다가 추적해야 하는 값들도 점점 늘어나게 되죠.

SEIRS 모델의 기본 구조

모델을 이용해 미래를 예측하는 데는 아주 많은 노력이 필요하고 이는 어쩌면 달성 불가능한 목표일지도 모릅니다. 하지만 우리가 가진 선택지는 단 하나뿐입니다. 바로 현실을 잘 반영하는 모델을 만들기 위해 최선을 다하는 것입니다.

정보와 질병의
공통점

어떤 현상을 이해하는 모델을 만들 때 이미 존재하는 모델과의 유사성에 착안하는 것은 흔한 일입니다. 심지어 완전히 다른 분야처럼 보일지라도 모델이 작동하는 방식은 유사할 수 있죠. 실제로 SIR 모델은 전염병을 모델링하는 데에만 쓰이지 않습니다.

'전염병'과 '정보'에는 상당한 공통점이 있습니다. 바로 행위자들

사이에 확산이 일어난다는 사실입니다. 소셜네트워크와 미디어의 발달 덕분에 어떤 소문은 아주 빠른 속도로 확산되어 오랫동안 사람들의 입에 오르내리기도 합니다. 반대로 금세 사그라드는 소문과 정보도 아주 많죠. 무한대의 자원이 주어진다면 지금 확산되는 모든 소문과 정보의 R_t 값을 측정하는 것도 가능할 것입니다.

연예인 A의 열애설	$R_t = 15$
신형 우주망원경 발사 소식	$R_t = 1.2$
철 지난 유머	$R_t = 0.5$

바이러스가 생존하려면 숙주들 사이에서 확산이 일어나야 하듯이, 정보 또한 그 명맥을 이어나가려면 행위자 사이에서 전파가 일어나야 합니다. 이런 유사성을 이용해 전염병모델과 근본적으로 작동방식이 동일한 정보확산모델을 만들 수 있습니다. 물론 정보확산모델에서 각 행위자를 연결하는 변수는 전염병모델보다 훨씬 더 많고 복잡할지도 모릅니다. 전염병은 실제로 대면 접촉이 일어나야 확산되는 반면, 정보는 오프라인뿐 아니라 인스타그램, 페이스북, 네이버 블로그, 유튜브 등 온라인에서도 유통될 수 있기 때문이죠. 하지만 각 집단에 영향을 끼칠 수 있는 변수들을 잘 설정한다면 정보확산모델을 통해 여러 현상을 예측할 수 있습니다.

그룹	전염병모델	정보확산모델
S	비감염 상태	정보에 무지
I	질병에 감염	정보를 획득(확산)
R	감염에서 회복	정보를 잊음

전염병과 정보의 그룹간 유사성

소문은 때때로 전염병처럼 위험과 공황상태를 일으킵니다. 대표적인 예가 은행의 대규모 예금인출사태인 '뱅크런[bank run]'입니다. 어떤 은행에 돈이 부족하고 재정이 부실하다는 소문이 돌면, 예금을 맡긴 개인과 기업은 돈을 인출하고자 그 은행으로 몰려들고 연관된 금융회사들 또한 도미노처럼 무너질 가능성이 있습니다. 이런 유사성을 바탕으로 개인, 금융회사, 헤지펀드, 은행, 증권거래소 등 금융 주체의 복잡한 동역학을 SIR 모델로 이해하고자 하는 시도들도 있습니다.[5] 또한 상장기업의 파산, 상장폐지 같은 소문이 주식시장에 끼치는 영향을 분석하고 통제하기 위해 SIR 모델을 연구하기도 합니다.[6]

좋은 모델은 이처럼 하나의 현상을 설명하는 데 그치지 않고 다른 분야에 활용될 가능성을 품고 있습니다. 따라서 각종 사회 현상에 적용되는 수학적 모델의 작동 방식을 관심 있게 지켜본다면 언젠가 유용하게 사용하게 될 날이 올지도 모릅니다. 당장 나와는 관련 없다고 생각될지라도 말이죠.

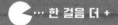

황금망치
모든 문제에 적용 가능한 모델이 있을까?

'전염병의 확산'과 '잘못된 소문이 어떻게 자본시장에 퍼지는가'를 모델링하는 이유는 위험을 최소화하기 위해서입니다. 그러나 어떤 측면에서 기업은 소문과 정보를 확산시키기 위해 적극적으로 활용하기도 합니다. 기업이 판매하는 제품과 서비스를 고객에게 알리고 최종 구매까지 이어지도록 유도해야 하기 때문이죠. 경영학에서는 소비자가 어떤 제품을 구매할 때 일련의 과정을 거친다고 봅니다. 그중 AIDA^attention, interest, desire, action와 AISAS^attention, interest, search, action, share로 불리는 두 가지 모델은 소비자의 구매 과정을 나타내는 고전적인 모델입니다.

소비자의 의사결정 모델과 SIR 모델은 행위자들이 특정 요인으로 인해 다른 집단으로 이동한다는 공통점이 있습니다. 이 모델에서 제시된 네다섯 개의 범주를 개별 집단으로 간주할 수 있겠지만,

두 모델은 소비자 행동에 일련의 흐름이 있다고 가정합니다.
이는 SIR 모델의 가정과 일치합니다.

취약자 집단(S): 기업이 광고를 노출시키려는 집단

감염자 집단(I): 기업의 광고에 노출된 집단

회복자 집단(R): 기업의 광고를 보고 제품을 구매한 집단

SIR 모델에 맞춰 간단하게 변형해볼 수도 있습니다.

소비자를 위와 같이 세 집단으로 나누는 것에는 어느 정도 일리가 있어 보입니다. 취약자 집단의 일부는 기업의 광고를 보고 감염자 집단이 됩니다. 감염자 집단은 취약자 집단에게 제품 정보를 전파합니다. 이 전파의 강도는 '바이럴계수', R_e로 표현할 수 있을 것입니다. 감염된 집단의 일부는 심사숙고 끝에 제품을 구매해 회복자 집단이 됩니다. 제품을 구매한 회복자 집단은 당분간 제품을 구

매하지 않습니다. 물론 감염자 집단의 구성원 모두가 제품을 구매한 회복자가 되는 것은 아니며 소비자를 단순히 세 집단으로 나누는 것은 지나친 단순화이므로, 이 모델을 제대로 사용하려면 손을 약간 더 보기는 해야 합니다. 하지만 기업의 마케팅 담당자가 여러 변수들을 추가하고 보완해 소비자의 의사결정 모델을 세우는 데 성공한다면 광고 효과를 모의로 평가할 수 있는 그럴듯한 도구를 얻게 됩니다.

이번에는 여러분이 제품을 홍보하는 마케팅이 아니라 자동차를 제조하는 회사의 공급망 관리를 맡고 있다고 해보겠습니다. 현 시대의 차량 제조업은 모든 부품을 자체 조달하는 것이 불가능합니다. 이런 분산 생산 경제 시대에는 부품을 조달하기 위해 공급망을 구축하는 것이 무엇보다 중요하죠. 100개의 업체에서 부품을 조달받아 제품을 생산하는 회사라면 공급망의 안정성이 담보되어야만 사업을 영위할 수 있을 것입니다. 그리고 이러한 공급망의 건전성을 평가하기 위해 SIR 모델을 활용하려는 시도가 있습니다.[7] 모델을 통해 일부 공급업체의 생산 중단, 폐쇄 등이 공급망 전체에 끼치는 위험을 평가하고 문제를 예방하기 위한 대책을 세우는 것이죠. 다음 표는 질병의 전파와 공급망 관리가 어떤 측면에서 유사한지 보여주며 완전히 달라 보이는 두 현상이 사실은 동일한 프레임워크 내에서 설명이 가능함을 알 수 있습니다.

	부품 공급망	전염병
네트워크	공급 사슬	사회적 관계
매개물	위험	병원체
대상	공급 기업	생명체
작동방식	비즈니스 확산	접촉 확산
단계	발생, 전파, 회복	잠복, 발생, 회복

자동차 부품 공급망과 전염병 확산의 프레임워크

이처럼 어떤 모델을 깊이 이해하고자 노력을 조금만 기울인다면, 그 모델은 범용성을 가진 굉장히 강력한 예측 도구로 거듭납니다. 하지만 '망치를 들면 모든 문제가 못으로 보인다'는 금언도 잊지 말아야 합니다. 하나의 도구만 사용해 모든 문제를 해결하기에는 세상이 너무 복잡하니까요.

인생이라는 이름의
알고리즘

　　　　　　제가 수학 강연 요청을 받을 때마다 늘 하는 이
야기가 있습니다. 여기서 그 이야기를 들려드리며 이 책을 마무리
해보려 합니다.

여러분이 전 세계 주요 도시로 영업을 다니는 아주 바쁜 세일즈
맨이라고 해보겠습니다. 아마 여러분은 각 도시를 방문하는 최단
거리로 출장 계획서를 짜서 회사에 제출해야 할 것입니다. 일반적
으로 비행 거리가 짧을수록 비행기 티켓도 저렴하니까요. 만약 서
울에서 출발해 런던, 뉴욕, 리우데자네이루(리우)를 방문하고 다시
서울로 돌아와야 한다면 총 여섯 가지 경로가 존재하고, 이 중에서

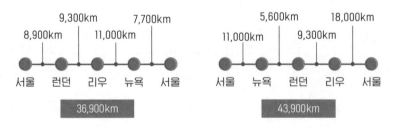

세 도시를 거쳐 다시 서울로 돌아오는 거리는 순서에 따라 다릅니다.

가장 거리가 짧은 경로를 선택하면 됩니다. 이러한 계획 수립은 어렵지 않아 보입니다.

만약 방문해야 하는 도시가 100군데라면 어떨까요? 이때 계획할 수 있는 경로의 조합은 약 9×10^{157}가지입니다. 일련의 계산에 따르면 우주에 존재하는 원자의 개수는 10^{82}개 정도이니 정말 큰 숫자이죠. 우주의 원자보다 많은 경우의 수를 모두 따지고 그중 가장 최단 거리에 해당하는 출장 경로를 제출하려면, 고성능의 슈퍼컴퓨터를 갖고 있다고 해도 출장 가기 전까지 계산을 마칠 수 없을지 모릅니다. 수학계에서는 이를 '여행하는 외판원 문제traveling salesman problem'라 부르며 '다항 시간' 내에 정확한 답을 찾기 어려운 대표 난제로 꼽습니다. 그러니 회사는 여러분에게 완벽한 최단 경로를 요구해서는 안 되며 적당히 좋은 수준의 계획이라면 출장을 승인해줘야 합니다.

저는 최상의 의사결정을 내리기 위해 노력해야 하거나 사업의 세부 계획을 완벽하게 정해야 한다는 생각이 들 때면 여행하는 외판원 문제를 떠올리고는 합니다. '완벽한 답'은 존재하지만 그 답은 실제로 찾을 수 없으며, 모든 것이 매우 빠르게 변하는 지금과 같은 세상에서는 완벽한 답이 나온 시점에 그 답이 더 이상 완벽하지 않을 가능성도 있다고 말이죠. 하지만 그렇다고 해서 현실 세계의 복잡한 의사결정과 우리의 삶 같은 중대한 문제들을 대충 해결해야 한다거나 운에 맡겨야만 한다는 뜻은 아닙니다. 제가 주목했던 것은 '이러한 문제를 해결하기 위해 수학이 어떤 방법론을 사용하는 가'였습니다.

여행하는 외판원 문제와 같이 경우의 수가 너무 많은 문제는 그 경우의 수를 일일이 따지는 '정확한 방법exact method'으로 해를 구할 수가 없기 때문에 적당히 좋은 답을 빠르게 찾는 '근사적 방법approximate method' 또는 '발견적 방법heuristic algorithms'이라 불리는 방법론을 사용합니다. 발견적 방법은 초기 해를 구하는 구성 단계, 초기 해를 개선하는 지역 개선 단계 그리고 국소적으로 최적화된 경로를 개선하는 확장 단계로 수행됩니다.[1] 이 근사적 방법론은 당면한 아주 복잡하고 중요한 문제, 예를 들어 사업의 세부 계획을 세우거나 경력을 쌓는 것과 같은 장기적 의사결정에도 적용할 수 있어 보입니다. 우리는 특정한 시간과 공간에서 의사결정을 내립니다. 때로는 그 의사결정이 아주 적합할 때도 있고 큰 실수일 수도 있죠. 이처럼 어떠한 의사결정의 적합성을 점수로 평가한 '적합도 함수'가 있다고 가정하면 이 적합도 함수는 시간과 공간을 축으로 하는 3차원 지형을 갖게 될 것입니다. 그리고 이 지형을 위에서 바라보면 특정 위치의 적합도를 2차원 지도처럼 표시할 수 있겠죠.

여러분과 저는 이 적합도 지형의 가장 높은 영역, 즉 최상의 적합도를 가진 영역으로 올라가길 원할 것입니다. 적합도 지형은 성공의 지형이고 높은 봉우리에 올라갈수록 더 성공했다고 볼 수 있을 테니까요. 하지만 이 적합도 함수 전체를 조망하는 것은 불가능합

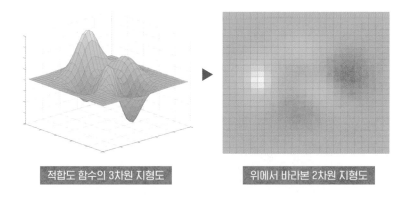

| 적합도 함수의 3차원 지형도 | 위에서 바라본 2차원 지형도 |

2차원 지형도에서 높은 봉우리는 흰색으로 표시됩니다.

니다. 우리는 신이 아니므로 기껏해야 아주 특정한 순간에 행하는 어떤 의사결정의 적합도만 대략적으로 알고 있을 따름이겠죠. 이런 면에서 적합도 함수는 플라톤적 세계에서나 존재하는 이상적인 함수일 것입니다.

하지만 정상으로 올라갈 방법이 없는 것은 아닙니다. 먼저 어느 정도 적합하다고 여겨지는 지형을 선택합니다. 그리고 그 지형을 중심으로 탐색을 수행하며, 조금 더 높은 지형으로 차근차근 이동하면 되죠. 최적해를 찾는 경사하강법처럼 말입니다. 이는 스타트업에서 제품이나 서비스를 출시할 때 접근하는 '린lean' 방식과도 유사합니다. 자원과 시간이 부족한 스타트업은 최소 기능 제품minimum viable product, MVP을 먼저 시장에 내놓고 피드백을 받으며 수정을 거듭해 최종 제품을 완성합니다. 직업과 진로 같은 대부분의 중대한 의사결정도 이와 유사해 보입니다. 정해진 항로를 유지하고 그 항로 내에서 가장 적합한 길을 찾는 것이 안전하고 빠르며 또한 익숙하기 때문입니다.

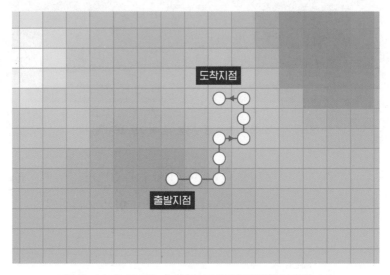

조금씩 더 높은 곳으로 나아가면 국소적 최적점에 도달합니다.

그러나 한 지형에서 출발해 주변의 더 높은 지형으로 올라가는 방법은 여러분을 국소적 최적해에 가둘 수도 있음을 명심해야 합니다. 다시 말하지만 우리는 전체의 적합도 지형을 조망할 수 없으며 지금 내가 있는 곳보다 조금이라도 더 높은 근처의 지형으로 이동할 수 있을 뿐입니다. 따라서 어떤 영역에서 가장 높은 지점에 도달하면 더 이상 탐색은 이루어지지 않으며, 여러분이 그 지형에 만족한다면 더 높은 적합도 지형을 찾을 가능성은 완전히 사라집니다. 그렇기에 최고라고 생각했던 결과는 사실 전체적인 적합도 지형에서 매우 평범한 **수준**의 결과일 수도 있죠.

이런 국소적 최적해 문제를 해결하기 위해 근사적 방법이 도입하는 한 가지는 어느 정도의 무작위성을 허용하는 것입니다. 더 높은 적합도 지형을 찾기 위해 동시에 여러 지역의 지형을 탐색하는 한편, 아주 먼 지형도 일부러 탐색해보는 것입니다. 물론 더 많은 시간과 노력이 요구되겠지만, 어떤 문제는 그럴 만한 가치가 있죠.

우스운 말처럼 들릴 수도 있겠지만, 이러한 근사적 방법의 알고리즘은 저에게 무언가를 새롭게 시도할 용기를 주고는 했습니다. 국소적 최적해에 갇히지 않으려면 조금은 멀리 떨어진 적합도 지형을 탐색해야 하고, 때로는 완전히 새로운 영역을 시도해야만 한다는 당위성을 주었죠. 그리고 더 높은 지형을 찾으려는 노력이 실

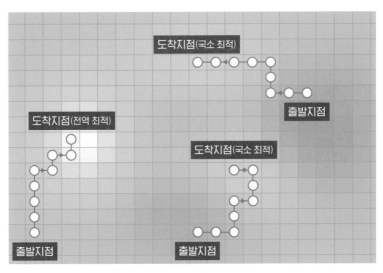

국소적 최적해에 갇히는 오류를 피하려면 출발지를 다양화해야 합니다.

패할 때도 위로가 되었습니다. 아무리 뛰어난 슈퍼컴퓨터라 해도 완벽한 해를 구하거나 전체 지형을 조망하는 것은 불가능하므로 실패하는 것은 당연하며, 실패했다 하더라도 잠시 낮은 지형에 내려와 있을 뿐 다시 일어서서 탐색을 시작하면 그만이라고 말이죠. 돌이켜보면 저는 한 알고리즘을 스승으로 두고 있었던 셈입니다. 그리고 이 스승은 적합도 지형의 정점을 찾는 방법을 매일 저에게 이야기해주고 있습니다. "직접 부딪치면서 새로운 무언가를 계속 시도하라"고 말입니다.

로지스틱 회귀분석

일반적으로 선형회귀분석이 선호되는 이유는 종속변수에 관한 독립변수의 영향력을 직관적으로 파악할 수 있기 때문입니다. '다이아몬드 무게가 몇 캐럿 증가할 때 가격이 얼마나 증가한다'와 같은 말은 누구나 이해할 수 있죠.

이는 종속변수가 '연속형 데이터'이기에 가능한 일이기도 합니다. 그런데 종속변수가 명명척도처럼 두 개의 범주를 가진 범주형 변수라면 회귀분석이 불가능할까요? 결론부터 말하면 범주형 변수에도 회귀분석을 적용할 수 있습니다. 다만 종속변수의 개념을 확장하는 것이 선행되어야 합니다.

연속형 데이터를 다루는 선형회귀분석은 독립변수가 커지거나 작아지면서 종속변수의 범위가 무한대로 확장되는 성질이 있으므로, 종속변수의 범위는 다음과 같이 표현됩니다.

$$-\infty \leq \text{종속변수 } y \leq \infty$$

하지만 종속변수가 범주형일 때는 종속변수의 상한과 하한이 존재합니다. 이해를 돕기 위해 '상대방과 공유하는 취미의 수가 첫 소개팅 이후 다음 만남을 기약할 가능성에 얼마나 영향을 주는가'에 관한 연구를 한다고 가정해보겠습니다.

이 연구에서 수집한 데이터의 독립변수는 '공유하는 취미의 수'고, 종속변수는 첫 소개팅 후 '다음 만남을 약속하는지의 여부'입니다. 이러한 이분적 상황에서는 다음 만남을 기약하지 못하는 경우에 0으로, 다음 만남을 기약한 경우라면 1로 숫자를 할당하는 것이 일반적입니다. 즉 이 데이터의 종속변수는 0이나 1의 값만 가집니다. 단 이런 처리방식은 명명척도에 해당하므로 서열의 의미가 없고 사칙연산을 못한다는 점을 다시 한번 기억하면 좋겠습니다.

사례	독립변수	종속변수	종속변수 변환
A	1	기약 못함	0
B	3	기약함	1
C	4	기약함	1
D	2	기약 못함	0
E	4	기약함	1
F	0	기약 못함	0
G	1	기약 못함	0
H	1	기약함	1
I	2	기약함	1

재있는 사실은 종속변수의 개념을 완전히 바꿔서 해석할 수 있다는 점입니다. 종속변수를 단순히 다음 약속의 여부가 아닌 소개팅 이후 다음 만남을 기약할 '확률'로 생각해보면 어떨까요? 이러한 확장이 가능하다면 독립변수에 따라 예측된 종속변수 값이 1에 가까울수록 다음 만남을 기약할 확률이 높다고 해석할 수 있습니다. 0과 1의 두 값만 가졌던 종속변수가 0과 1 사이의 무수히 많은 값을 갖는 연속형 변수로 탈바꿈하는 셈입니다.

주어진 데이터를 예로 들자면, 공유하는 취미 수가 한 개일 때 다음 만남을 기약할 확률은 1/3입니다. 공유하는 취미 수가 한 개인 경우는 세 가지(A군, G군, H양)가 있는데 이때 다음 만남을 기약하는 경우는 한 가지이므로 확률은 간단하게 1/3로 계산할 수 있습니다.

$$0 \leq 종속변수\ p \leq 1$$

하지만 여기에 선형회귀분석을 적용하기에는 아직 무리가 있습니다. 선형회귀분석을 시행해서 얻은 회귀식에 독립변수를 집어넣었을 때, 종속변수가 0과 1 사이의 범위에서 이탈하는 경우가 생기기 때문입니다. 우리가 설정한 종속변수는 '확률'인데, 0(0퍼센트)보다 작거나 1(100퍼센트)을 넘는 값은 해석이 불가능하죠.

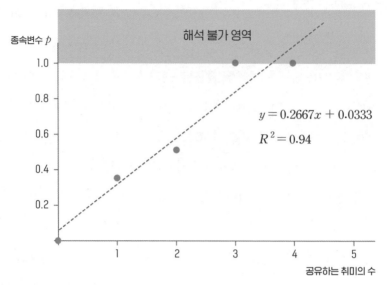

확률은 100퍼센트를 초과할 수 없으므로 이 선형회귀식에는 모순이 있습니다.

따라서 회귀분석을 시행하려면 종속변수를 조금 더 변형하는 작업이 필요합니다. 다행히 종속변수를 확률에 관한 개념으로 전환했다면, 선형회귀분석처럼 종속변수를 무한대의 범위로 확장할 방법이 존재합니다.

여기서 주목해야 하는 것은 '승산odds'과 '로짓logit'이라는 개념입니다. 생소한 개념이지만 지금 알아야 할 것은, 종속변수인 확률 p에는 기존의 선형회귀분석을 적용할 수 없으므로 승산과 로짓의 개념을 사용한다는 사실뿐입니다. 확률 p는 다음과 같이 승산을 이용해 로짓으로 변형할 수 있습니다.

$$odds = \frac{p}{1-p}$$

$$logit = \mathrm{In}(odds) = \mathrm{In}(\frac{p}{1-p})$$

p는 0과 1 사이의 값을 갖지만 로짓의 범위는 다음과 같이 무한대입니다. 따라서 로짓은 독립변수가 매우 크거나 작아도, 로짓 또한 이에 맞춰 매우 커지고 작아지므로 선형회귀분석이 가능해집니다.

$$-\infty \leq logit \leq \infty$$

이제 로짓과 독립변수의 선형관계를 추정해 원래 알고 싶었던 첫 소개팅 후 다음 만남을 기약할 확률 p를 간접적으로 구할 수 있습니다.

로지스틱회귀분석: $logit = \mathrm{In}(\frac{p}{1-p}) = ax+b$

마지막으로 이 로지스틱회귀분석식을 확률 p에 대해서 풀어보면 다음과 같습니다. 그리고 독립변수와 p의 관계는 선형관계가 아닌 다음 그래프와 같은 모양의 함수 관계를 갖습니다.

$$logit = \ln(\frac{p}{1-p}) = ax+b$$

$$p = \frac{e^{(ax+b)}}{1+e^{(ax+b)}}$$

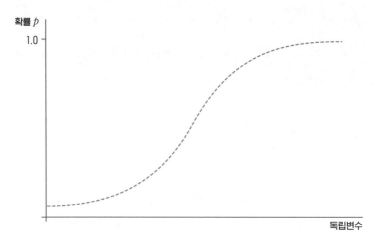

독립변수와 확률에 관한 로지스틱회귀분석 그래프

파이썬 코드(몬티홀 문제)

이 부록의 코드는 수학적 모델링에 관심이 많아 파이썬 언어를 배우고 사용할 의지가 있는 열정적인 독자를 위한 것입니다. 몬티홀 문제를 파이썬 코드로 구현하는 것은 생각보다 어렵지 않습니다. 다음은 참가자가 선택하지 않은 문 가운데 염소가 있는 문을 무작위로 열어주는 전략을 10만 번 시뮬레이션한 코드입니다.

```
## 일반 몬티홀 코드

import random
def monty_hall_simulate(switch, num_trials):
    """
    몬티홀 문제 시뮬레이션 함수
    :switch: 참가자가 선택을 바꿀지 여부 (True/False)
    :num_trials: 시뮬레이션 횟수
    :return: 승리한 횟수
```

```
"""

# 승리 횟수 초기화
win_count = 0
for _ in range(num_trials):
    # 문 뒤에 상품이 있는 위치와 참가자의 선택을 무작위로 설정
(문은 1~3번이 있음)
    prize_door = random.randint(1, 3)
    player_choice = random.randint(1, 3)
# 사회자가 염소가 있는 문을 열어줌(참가자의 선택과 상품의 위치
가 같지 않은 문 중 하나를 무작위로 고름)
    open_door = random.choice([i for i in range(1, 4) if i !=
player_choice and i != prize_door])

    # 참가자가 선택을 바꾸기로 한 경우
    if switch:
        # 참가자는 처음 선택과 사회자가 열어준 문을 제외한 나머
지 문을 선택
        player_choice = next(i for i in range(1, 4) if i != player_
choice and i != open_door)

    # 최종 선택이 상품이 있는 문이면 승리
    if player_choice == prize_door:
```

```
        win_count += 1
    return win_count   # 승리한 횟수 반환


# 시뮬레이션 실행
num_trials = 100000  #10만 번 시뮬레이션 반복
win_rate_no_switch = monty_hall_simulate(False, num_trials) /
num_trials  #선택을 바꾸지 않았을 경우 승리할 확률
win_rate_switch = monty_hall_simulate(True, num_trials) /
num_trials     #선택을 바꾸었을 경우 승리할 확률


# 결과 출력
print(f"선택을 바꾸지 않았을 때 승리할 확률: {win_rate_no_
switch:.2f}")
print(f"선택을 바꾸었을 때 승리할 확률: {win_rate_switch:.2f}")
```

출력되는 결과는 다음과 같습니다.

```
선택을 바꾸지 않았을 때 승리할 확률: 0.33
선택을 바꾸었을 때 승리할 확률: 0.67
```

시뮬레이션 횟수를 늘려가면서 선택을 바꾸었을 때의 승리 확률

을 시각화해볼 수도 있습니다. 이를 구현하려면 다음의 코드를 입력하면 됩니다.

```
##그래프 시각화

import matplotlib.pyplot as plt

# 한글 폰트 지정
plt.rcParams['font.family'] ='Malgun Gothic'
plt.rcParams['axes.unicode_minus'] =False

# 시뮬레이션 실행 결과 저장 리스트 초기화
win_rates_no_switch = []
win_rates_switch = []

# 시뮬레이션 실행
trial_numbers = range(10, 100001, 100)

for num_trials in trial_numbers:
    win_rate_no_switch = monty_hall_simulate(False, num_trials)
/ num_trials
    win_rates_no_switch.append(win_rate_no_switch)
```

```python
    win_rate_switch = monty_hall_simulate(True, num_trials) /
num_trials
    win_rates_switch.append(win_rate_switch)

# 결과를 선 그래프로 그리기
plt.figure(figsize=(10, 6))
plt.plot(trial_numbers, win_rates_no_switch, color='#4B0082')
plt.plot(trial_numbers, win_rates_switch, color='#FF1493')

# 10만 번 시뮬레이션 한 결괏값을 레이블로 표시
plt.text(70000, 0.36, f"선택을 바꾸지 않았을 때 \n승리 확률:{win_
rates_no_switch[-1]:.2f}",
        ha='left', va='bottom', color='black', fontweight='bold',
fontsize=10)
plt.text(70000, 0.6, f"선택을 바꾸었을 때 \n승리 확률:{win_rates_
switch[-1]:.2f}",
        ha='left', va='bottom', color='black', fontweight='bold',
fontsize=10)

plt.xlabel('시뮬레이션 횟수')
plt.ylabel('승리할 확률')
plt.show()
```

이 코드를 사용하면 다음과 같은 그래프가 출력됩니다. 예상 대로 시행 횟수를 늘려갈수록 선택을 바꾸었을 때 승리할 확률이 0.67에 수렴합니다.

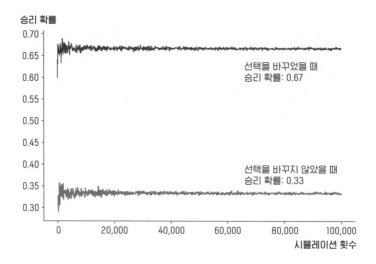

4장에서 이야기한 큰 번호 전략을 참가자가 알게 되는 코드는 다음과 같이 설정할 수 있습니다. 이 코드는 참가자가 불확실성에 놓이는 상황만 시뮬레이션합니다.

```
## 사회자의 행동 지침을 참여자가 아는 경우(딜레마 상황이 아닌 케이스는 제거)

import random
```

```python
def monty_hall_simulate_modified(switch, num_trials):
    """
    수정된 몬티홀 문제 시뮬레이션 함수
    :switch: 참가자가 선택을 바꿀지 여부 (True/False)
    :num_trials: 시뮬레이션 횟수
    :return: 승리한 횟수
    """

    win_count = 0          # 승리 횟수 초기화
    removed_cases_count = 0 # 제거된 케이스의 수 초기화

    for _ in range(num_trials):

        # 문 뒤에 상품이 있는 위치와 참가자의 선택을 무작위로 설정(문은 1~3번이 있음)
        prize_door = random.randint(1, 3)
        player_choice = random.randint(1, 3)
        # 사회자가 열어줄 문을 결정 (참가자의 선택과 상품의 위치가 같지 않은 문 중 가장 큰 번호의 문을 선택)
        open_doors = [i for i in range(1, 4) if i != player_choice
and i != prize_door]
        open_door = max(open_doors)
```

```python
        # 사회자가 열어준 문이 참가자가 선택하지 않은 두 문 중 가장
큰 번호가 아니면 해당 케이스를 제거
        if open_door != max([element for element in [1, 2, 3] if
element not in [player_choice]]):
            removed_cases_count += 1  # 제거된 케이스 수 카운트
            continue

        if switch:  # 참가자가 선택을 바꾸기로 한 경우
            player_choice = next(i for i in range(1, 4) if i != player_
choice and i != open_door)

        if player_choice == prize_door:  # 최종 선택이 상품이 있는
문이면 승리
            win_count += 1 # 승리한 횟수 카운트


    return win_count, removed_cases_count  # 승리한 횟수와 제
거된 케이스 수 반환


# 시뮬레이션 실행
num_trials = 100000  # 10만 번 시뮬레이션 반복
win_rate_no_switch, removed_no_switch = monty_hall_
simulate_modified(False, num_trials)
```

```
win_rate_switch, removed_switch = monty_hall_simulate_
modified(True, num_trials)

# 결과 출력
print(f"선택을 바꾸지 않았을 때 승리할 확률: {win_rate_no_
switch / (num_trials-removed_no_switch):.2f}")
print(f"선택을 바꾸었을 때 승리할 확률: {win_rate_switch / (num_
trials-removed_switch):.2f}")
```

출력되는 결과는 다음과 같습니다.

```
선택을 바꾸지 않았을 때 승리할 확률: 0.50
선택을 바꾸었을 때 승리할 확률: 0.50
```

파이썬 코드(SIR 모델)

여기서는 SIR 모델을 직접 코드로 구현하고 초기 조건의 변수들을 어떻게 조정하는지에 따라 달라지는 결과를 직접 확인할 수 있습니다. 이를 위해 몇 가지 패키지를 설치해야 합니다. 파이썬 프로그램의 사용법과 패키지 설치에 대한 설명은 인터넷에서 쉽게 찾아볼 수 있으므로 생략하겠습니다.

```
# 패키지 설치
import scipy.integrate
import numpy
import matplotlib.pyplot as plt
from mpldatacursor import datacursor

%matplotlib inline
import matplotlib.pylab as plt
plt.rcParams["figure.figsize"] = (37.3,17.8)
```

```
plt.rcParams['lines.linewidth'] = 14
plt.rcParams['lines.color'] = 'r'
plt.rcParams['axes.grid'] = True
```

다음 과정은 SIR 모델의 계산식을 설정하는 부분입니다. 여기까지 왔다면 SIRS 모델은 어떻게 설정해야 할지 직접 생각해보는 것도 좋겠습니다.

```
# 계산식 설정
def SIR_model(y, t, beta, gamma):

    S, I, R = y
    dS_dt = -beta*S*I
    dI_dt = beta*S*I - gamma*I
    dR_dt = gamma*I
    return([dS_dt, dI_dt, dR_dt])
```

다음은 초기 조건입니다. 이 부분의 값을 변형하면 여러 가지 형태의 예측 모델을 얻게 됩니다.

```
# 초기 조건
S0 = 0.99
I0 = 0.01
R0 = 0
beta = 0.5
gamma = 0.07

# Time vector
t = numpy.linspace(0, 300, 1000)

# Result
solution = scipy.integrate.odeint(SIR_model, [S0, I0, R0], t,
args=(beta, gamma))
solution = numpy.array(solution)
```

다음은 그래프를 보기 좋게 만들기 위한 부분입니다.

```
# Plot result
plt.plot(t, solution[:, 0], label="Susceptible", color='#2980B9')
plt.plot(t, solution[:, 1], label="Infected", color='#E74C3C')
```

```python
plt.plot(t, solution[:, 2], label="Recovered", color='#00A388')
axes = plt.gca()


axes.set_ylim([-0.05,1.01])


maxVal = 0
maxValTime = 0
for i,j in zip( t, solution[:, 0] ):
  if maxVal < j :
    maxVal = j
    maxValTime = i
  if i==300:
      axes.annotate( str(round(j,3)), xy=(i+10,j) )
      axes.annotate( str(round(maxVal,3)),
xy=(maxValTime,maxVal+0.05) )
maxVal = 0
maxValTime = 0


for i,j in zip( t, solution[:, 1] ):
  if maxVal < j :
    maxVal = j
    maxValTime = i
```

```python
    if i==300:
        axes.annotate( str(round(j,3)), xy=(i+10,j) )
        axes.annotate( str(round(maxVal,3)),
    xy=(maxValTime,maxVal+0.05) )


maxVal = 0
maxValTime = 0



for i,j in zip( t, solution[:, 2] ):
    if maxVal < j :
        maxVal = j
        maxValTime = i
    if i==300:
        axes.annotate( str(round(j,3)), xy=(i+10,j) )

plt.grid(True)
plt.box(True)
plt.xlabel("")
plt.ylabel("")
plt.gca().spines['left'].set_visible(False)
plt.gca().spines['bottom'].set_visible(False)
```

```
datacursor()

plt.show()
```

해당 조건으로 출력되는 그래프는 다음과 같습니다.

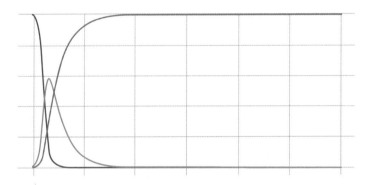

참고문헌

1장. 당신의 예측이 틀리는 이유

1. 최규원, 〈농촌진흥청, 좋은 수박 고르는 방법 소개〉, 《경인일보》, 2017.07.17., http://m.kyeongin.com/view.php?key=20170717010005499

2. Kim, H., & Park, H., Data reduction in support vector machines by a kernelized ionic interaction model, In Proceedings of the 2004 SIAM International Conference on Data Mining(pp. 507-511), *Society for Industrial and Applied Mathematics*, April 2004.

3. 스물두 가지 변수가 무엇인지는 다음의 사이트에서 확인할 수 있습니다. https://archive.ics.uci.edu/dataset/73/mushroom

4. Chawgien, K., & Kiattisin, S., Machine learning techniques for classifying the sweetness of watermelon using acoustic signal and image processing, *Computers and Electronics in Agriculture*, 181, 105938, 2021.

5. 타일러 비겐Tyler Vigen의 홈페이지에서, 이 책에서 제시한 예시 외에도 황당한 상관관계를 가진 많은 예시를 확인할 수 있습니다. https://tylervigen.com

6. Cook, T.D. and Campbell, D.T., Quasi-Experimentation: Design and Analysis Issues for Field Settings, Houghton Mifflin, Boston, 1979.

2장. 한 줄의 선으로 답을 찾는다

1. 2019년 기준 서울시 연령별 학생 평균 키 일괄 단순비교.
   https://gsis.kwdi.re.kr/statHtml/statHtml.do?orgId=338&tblId=DT_1L
   EA012
2. 류근관 지음,《통계학》제3판, 법문사, 2013, p.171-172.
3. 사회학자 모리스 로젠버그[Morris Rosenberg]가 개발한 자아존중감 척도의 질문 일부
   를 인용했습니다. Rosenberg, M., Society and the adolescent self-image,
   Princeton, NJ: Princeton University Press, 1965.

3장. 인공지능이 불러온 수학의 시대

1. 〈성차별: 아마존, '여성차별' 논란 인공지능 채용 프로그램 폐기〉,《BBC News 코리
   아》, 2018.10.11., https://www.bbc.com/korean/news-45820560
2. 이 내용은 유튜브 위니버스 채널의 영상 '인공지능의 현재와 미래'에서도 보실 수 있
   습니다. https://www.youtube.com/watch?v=lY3cdLrRr_o
3. Susanne Barton and Bloomberg, Alphabet's Isomorphic Labs to
   collaborate with Novartis, Lilly on AI-driven drug discovery, *FORTUNE
   Well*, 2024.01.09., https://fortune.com/well/2024/01/08/alphabet-google-
   isomorphic-labs-collaborate-ai-drug-discovery-novartis-lilly/
4. 다음의 웹사이트에서 확인하실 수 있습니다. https://cleanlab.ai/tlm/
5. 조이 클라인먼, 〈제2차 세계 대전 독일 군인이 아시아 여성? 구글 AI 제미나이의 '정
   치적 올바름' 문제〉,《BBC News 코리아》, 2024.02.28., https://www.bbc.com/
   korean/articles/cg3kmy2rr97o
6. 장유미, 〈"법 어겨도 모르쇠"…불법 판 치는 빅테크, AI 학습 데이터 무단 사용〉,
   《ZDNET Korea》, 2024.04.08., https://n.news.naver.com/article/
   092/0002327205
7. João da Silva, Reddit shares jump after OpenAI ChatGPT deal, *BBC*.
   2024.05.17., https://www.bbc.com/news/articles/cxe92v47850o

8. 각 위험에 해당하는 예시는 다음의 페이지에서 보실 수 있습니다. 고학수 외, 〈특별 기고_유럽연합 인공지능법안의 개요 및 대응방안〉, 《서울대 인공지능정책 이니셔 티브》, 2021. 09. 02호. https://sapi.co.kr/2021-9-2호-특별-기고_유럽연합-인공 지능법안의-개요-및-대/

9. EU의 AI법에 관한 원문은 다음의 페이지에서 보실 수 있습니다. https:// artificialintelligenceact.eu/

10. Jeff Hawkins, 《A Thousand Brain》, Basic Books, 2021, P121.

11. Will Douglas Heaven, 〈멀티태스킹을 학습하는 AI〉, 《MIT Technology Review》, 2021.08.11., https://www.technologyreview.kr/endless-playground-teaches-ai-multitask-general-intelligence-deepmind-openai/

12. Sheena Goodyear, The 'godfather of AI' says he's worried about 'the end of people', *CBC Radio*, 2023.05.03., https://www.cbc.ca/radio/asithappens/geoffrey-hinton-artificial-intelligence-advancement-concerns-1.6830857

13. 해당 글은 openreview.net에 공개되어 있습니다. https://openreview.net/pdf?id=BZ5a1r-kVsf

14. 김철호 외, 〈브레인 모사 인공지능 기술〉, 《전자통신동향분석Electronics and Telecommunications Trends》, 제36권 제3호, 2021.06.01.

15. 이안 굿펠로 외 지음(류광 옮김), 《심층 학습》, 제이펍, 2018, p.16.

16. Maureen Dowd, Elon Musk, Blasting Off in Domestic Bliss, *the New York Times*, 2020.07.25.

4장. 거인들은 조건부로 결정의 질을 높인다

1. 사각형을 이용해 베이즈 정리를 해결하는 다양한 사례는 다음 도서를 참고했습니다. 고지마 히로유키(박주영 옮김), 《세상에서 가장 쉬운 베이즈통계학 입문》, 지상사, 2009.

2. 데이비드 쾀멘 지음(강병철 옮김), 《인수공통 모든 전염병의 열쇠》, 꿈꿀자유, 2022, p.450-455.

3. Lucas, S., Rosenhouse, J., & Schepler, A., The Monty Hall Problem,

Reconsidered, *Mathematics Magazine*, 82(5), 332-342, 2009.

4. 다음 사이트에서 넷플릭스의 알고리즘 연구와 성과를 열람해볼 수 있습니다.
research.netflix.com

5. Bill Taylor, To See the Future of Competition, Look at Netflix, *Harvard Business Review*, July 18, 2018.

6. Pansanella, V., Rossetti, G., & Milli, L., Modeling algorithmic bias: simplicial complexes and evolving network topologies, *Applied Network Science*, 7(1), 57, 2022.

7. Boonprakong, N., Tag, B., & Dingler, T., Designing Technologies to Support Critical Thinking in an Age of Misinformation, *IEEE Pervasive Computing*, 2023.

8. 다음의 사이트를 참고해주세요.
https://www.youtube.com/watch?v=hPxnIix5ExI

5. 미래가 오는 패턴을 파악하라

1. Shannon, C. E., A symbolic analysis of relay and switching circuits, *Electrical Engineering*, 57(12), 713-723, 1938.

2. FACT SHEET: CHIPS and Science Act Will Lower Costs, Create Jobs, Strengthen Supply Chains, and Counter China, The White House, 2022.08.09., https://www.whitehouse.gov/briefing-room/statements-releases/2022/08/09/fact-sheet-chips-and-science-act-will-lower-costs-create-jobs-strengthen-supply-chains-and-counter-china/

3. Gordon Moore, "Cramming more components onto integrated circuits", 《*Electronics*》 1965.

4. 다음의 웹사이트에서 참고했습니다. https://ourworldindata.org/grapher/transistors-per-microprocessor?yScale=linear

5. 이 답은 7개월 후입니다. 자세한 설명은 지수법칙을 다루는 위너버스의 유튜브 채널 영상에서 확인할 수 있습니다. https://www.youtube.com/watch?v=Zm_

nYmpTlD0&t=10s

6. J. R. Oppenheimer letter to G. Uhlenbeck, 5 Feb, [1939], printed in A. K. Smith and C. Weiner, note 97: 209.

7. 다음의 웹사이트에서 참고했습니다. https://www.armscontrol.org/factsheets/nuclear-weapons-who-has-what-glance

8. WHO, 《World Malaria Report 2022》, https://www.who.int/teams/global-malaria-programme/reports/world-malaria-report-2022

9. 이선영 외, 〈2030 말라리아 퇴치를 향한 제2차 말라리아 재퇴치 실행계획(2024-2028년)〉, 《Public Health Weekly Report 2024》,17(22): 962-979.https://www.phwr.org/journal/view.html?pn=current_issue&uid=712&vmd=Full

10. Biggerstaff, M., Cauchemez, S., Reed, C., Gambhir, M., & Finelli, L., 2014, Estimates of the reproduction number for seasonal, pandemic, and zoonotic influenza: a systematic review of the literature, *BMC infectious diseases*, 14(1), 1-20.

11. Manathunga, S. S., Abeyagunawardena, I. A., & Dharmaratne, S. D., A comparison of transmissibility of SARS-CoV-2 variants of concern, *Virology journal*, 20(1), 59, 2023.

12. Nancy Cook, Jordan Fabian, Josh Wingrove, Biden's Disastrous Dabate Accelerates Doubts Over Candidacy, *Bloomberg*, 2024.06.28., https://www.bloomberg.com/news/articles/2024-06-28/biden-s-disastrous-debate-accelerates-doubts-over-his-candidacy

13. ASML의 홈페이지에서 나머지 두 변수에 관한 자세한 설명을 볼 수 있습니다. https://www.asml.com/en

14. imec's ITF World 2024. AMD Keynote, https://www.tomshardware.com/pc-components/cpus/lisa-su-announces-amd-is-on-the-path-to-a-100x-power-efficiency-improvement-by-2027-ceo-outlines-amds-advances-during-keynote-at-imecs-itf-world-2024

15. 한국대기환경학회, 〈산성비〉, 2015.

6장. 세상을 구하는 수학적 모델의 법칙

1. 지금까지 설명한 SIR 모델의 완성 과정은 위니버스 유튜브 채널에서도 보실 수 있습니다. https://www.youtube.com/watch?v=S4v1xAlLeCI&t=3s
2. 유럽질병관리예방센터 홈페이지를 참고했습니다. https://www.ecdc.europa.eu/en/covid-19/variants-concern
3. 우인옥 외, 〈오미크론 변이에 대한 코로나19 백신 최신 연구 동향〉, 《주간 건강과 질병》 제15권 제9호, 질병관리청, 2022.3.3.
4. Bjørnstad, O. N., Shea, K., Krzywinski, M., & Altman, N., (2020). The SEIRS model for infectious disease dynamics, *Nature methods*, 17(6), 557-559.
5. Mauro Aliano. et al., Risk Contagion Among Financial Players Modelled by a SIR Model with Time Delay, *Applied Mathmatical Science*, vol.16, 2022.
6. Yuanyuan Ma. et al., Crisis Spreading Model of the Shareholding Networks of Listed Companies and Their Main Holders and Their Controllability, *Complexity*, 2018.
7. Di Liang. et al., Risk Propagation and Supply Chain Health Control Based on the SIR Epidemic Model, *Mathmatics*, 2022.

나가며. 인생이라는 이름의 알고리즘

1. 이상운. 〈외판원 문제의 다항 시간 알고리즘〉, 《한국컴퓨터정보학회논문지》, 제18권 12호, pp.75-82, 2013.

수학은 알고 있다

초판 발행 · 2024년 8월 1일
초판 2쇄 발행 · 2024년 9월 4일

지은이 · 김종성, 이택호
발행인 · 이종원
발행처 · (주)도서출판 길벗
브랜드 · 더퀘스트
출판사 등록일 · 1990년 12월 24일
주소 · 서울시 마포구 월드컵로 10길 56(서교동)
대표전화 · 02)332-0931 | **팩스** · 02)323-0586
홈페이지 · www.gilbut.co.kr | **이메일** · gilbut@gilbut.co.kr
대량구매 및 납품 문의 · 02) 330-9708

기획 및 책임편집 · 안아람(an_an3165@gilbut.co.kr) | **편집** · 박윤조, 이민주 | **제작** · 이준호, 손일순, 이진혁
마케팅 · 정경원, 김진영, 김선영, 정지연, 이지원, 이지현, 조아현, 류효정 | **영업관리** · 김명자, 심선숙
독자지원 · 윤정아

표지 디자인 · 김종민 | **본문** · 정현주 | **교정교열** · 조한라 | **인쇄** · 금강인쇄 | **제본** · 경문제책

ISBN 979-11-407-1404-9   03410
(길벗 도서번호 040200)

정가 21,000원

독자의 1초까지 아껴주는 길벗출판사

(주)도서출판 길벗 | IT교육서, IT단행본, 경제경영서, 어학&실용서, 인문교양서, 자녀교육서 **www.gilbut.co.kr**
길벗스쿨 | 국어학습, 수학학습, 어린이교양, 주니어 어학학습, 학습단행본 **www.gilbutschool.co.kr**

페이스북 **www.facebook.com/thequestzigy**
네이버 포스트 **post.naver.com/thequestbook**